天马行空说见闻

西游智慧数学

陈士文 著

孙悟空说思维见闻

CTS ⊞ 湖南少年儿童出版社
HUNAN JUVENILE & CHILDREN'S PUBLISHING HOUSE

小博集
BOOKY KIDS

·长沙·

图书在版编目（CIP）数据

西游智慧数学. 孙悟空说思维见闻 / 陈士文著. --
长沙：湖南少年儿童出版社，2023.6
ISBN 978-7-5562-7060-6

Ⅰ.①西… Ⅱ.①陈… Ⅲ.①数学—儿童读物 Ⅳ.
①01-49

中国国家版本馆CIP数据核字（2023）第089129号

XIYOU ZHIHUI SHUXUE　SUN WUKONG SHUO SIWEI JIANWEN

西游智慧数学 孙悟空说思维见闻

陈士文　著

责任编辑：张　新　李　炜　　　　　项目出品：李　炜　张苗苗　文赛峰
策　　划：亲近母语　　　　　　　　特约编辑：胡碧月
策划编辑：李孟思　　　　　　　　　封面设计：霍雨佳
营销支持：付　佳　杨　朔　赵子硕　版式排版：李　洁　金锋工作室

出 版 人：刘星保
出　　版：湖南少年儿童出版社
地　　址：湖南省长沙市晚报大道89号
邮　　编：410016
电　　话：0731-82196320
常年法律顾问：湖南崇民律师事务所　柳成柱律师
经　　销：新华书店
开　　本：700 mm×980 mm　1/16　　　印　　刷：北京柏力行彩印有限公司
字　　数：94千字　　　　　　　　　　印　　张：11.25
版　　次：2023年6月第1版　　　　　　印　　次：2023年6月第1次印刷
书　　号：ISBN 978-7-5562-7060-6　　定　　价：39.80元

若有质量问题，请致电质量监督电话：010-59096394　团购电话：010-59320018

阅读说明

书名中有"数学"二字，那就先从数学谈起吧。

我们玩过七巧板，没想到简简单单的七块板竟然能拼出如此丰富的图形来。

除了动物图案，还有其他造型呢！难怪数学家陈省身感叹："数学好玩。"

玩过图形，我们再来看看数字。

我们发现数字的大小恰好与其形状中"角"的个数一致，这里的"数"与"形"巧妙地统一起来了。随着后来不断地进行数学学习，越发感受到"数学是人类最高超的智慧"。

数学很好玩！数学有智慧！

数学学习不能热衷于知识记忆，不能热衷于刷题训练，数学学习应重在思维过程发展，重在创造能力激发。

数学好玩在思维的乐趣，数学智慧在理性与创生。于是，有了"智慧数学"，为智慧的生长而学，实现从知识走向智慧。中国科学院院士、数学教育家张景中先生评价说："智慧数学好！"

智慧数学好！

张駸 2017年3月20日

书名中为什么还有"西游"二字呢？

《西游记》流传百年，名扬海外，是小孩子们都喜欢的名著。因为故事，因为神奇，因为想象……

读书先读序，建立整体思维。
为什么会有这本书？
这本书是怎么写成的？
这本书怎么读？

思维中有想象，思维中有神奇……如果以思维为内核再编成故事，那一定也是儿童的所爱。

于是笔者灵光一闪，好风凭借力，直接借力名著《西游记》，邀请唐僧师徒为故事主角，写成"西游智慧数学"系列图书：《沙和尚做思维实验》《猪八戒玩思维游戏》《孙悟空说思维见闻》《唐僧悟数学智慧》。

"西游智慧数学"系列图书通过搜集、改编、新创中小学生课内外与数学关联的见闻、游戏、实验，让我们感受见闻中的启示，明白游戏中的道理，发现实验中的规律。传统素材出新意，日常生活出奇趣，在对话的过程中展开思考，思考故事之中的道理，思考故事之后的变化，思考故事之外的启示，实现从知识走向智慧的境界。

"西游智慧数学"系列图书改变我们对数学繁、难、偏、怪的误解，感受数学的简洁、有趣、通连、和谐，在故事人物的对话中启迪思维，在知识的感悟中，不断萌发，持续生长，逐步丰盈人生的智慧。

有了"西游智慧数学"丛书，我们怎么读呢？

我们把四本书的主题要义合起来，恰好成了一首启迪思维的短诗：

崇尚动手动脑，
突破戒律旧规，
追求自由思维，
感悟无穷智慧。

尚行尚思做实验，
破戒无戒玩游戏，
天马行空说见闻，
玄妙无穷悟智慧。

第一句说的是《沙和尚做思维实验》——做实验，行与思不可或缺，行而思，思中行，感悟数学思维的严谨。"尚"暗指沙和尚。

第二句说的是《猪八戒玩思维游戏》——玩游戏，思维要打破旧规戒律，追求联通想象，感悟数学思维的自由。"戒"暗指猪八戒。

第三句说的是《孙悟空说思维见闻》——说见闻，古今中外，天上人间，才思泉涌，思维无羁绊，感悟数学思维的阔达。"空"暗指孙悟空。

第四句说的是《唐僧悟数学智慧》——悟智慧，深入浅出，悟出新意，且没有穷尽之时，感悟数学思维的理性与创生。"玄"暗指唐僧（玄奘）。

我们在听见闻、玩游戏、做实验中思考：见闻还有什么可能？游戏为什么这样设计？实验的规律用在何处？感受数学思考的力量与魅力。

我们享受故事的亲切感，篇篇独立，自由阅读——选读，跳读，读出味道。

我们经历思考的全过程，参与对话，自我代入——看文，阅图，悟出事理。

我们感受智慧的超越性，观点交锋，领悟本质——永远在追问"是什么？怎么样？为什么？还有什么？"。

目录

调序·整合·转换

卷卷毛、尖尖嘴、长长臂、短短尾等"猴精"又玩起了"调序·整合·转换",他们是怎么想到的呢?答案不重要,重要的是答案是怎么来的。

牛皮变变变

牛皮不是用来"吹"的,牛皮是用来"变"的。由"静"变到"动",由"面"变到"线"……竟然变出"无限"来,是不是又"吹"牛皮啦?

数字的前世今生

有古罗马的罗马数字,有中国的算筹数字……最终流行于世界的却是阿拉伯数字,为什么呢?

寻找"数根"

寻找"数根"?是不是写错了?应该是寻找"树根"吧?哈哈,没错,就是要刨根问底。数不但有"根",还有"枝叶"呢。

天马行空说见闻

　　《孙悟空说思维见闻》共 18 篇，故事时间有远古，有未来；故事地点有中国，有海外；故事对象有传说中虚幻的神仙，有名载史册的人物。

　　时空自由穿越，情节任意勾连，这就是我们要感受的"天马行空"吗？

　　是的，但不完全是。

　　更多的"天马行空"是什么呢？

　　我们选取 18 个见闻题目中的字眼，分五组来揣摩一下"天马行空"的感觉。

　　第一组字眼："借""换""转""不一样"——难道可以"借"？相互能够"换"？不行就来"转"？甚至有"不一样"的思维？

　　第二组字眼："造""发明""设计"——好像是鼓励

无中生有？

第三组字眼："调序""整合""转换""变变变""前世今生"——能这样任意折腾吗？前世是什么？今生又是什么？

第四组字眼："寻找""想起""引出"——寻找什么？刨根问底吗？想起什么？故人旧友吗？引出什么？节外生枝吗？

第五组字眼："李白""阿凡提""大圣"——一个唐朝诗人，一个传说人物，一个西游神仙，他们带给我们什么样的思维呢？

发散思维。
创造思维。
融通思维。
联想思维。
批判思维。

好了，现在我们是不是有点感觉了，原来"天马行空"的不是我们的身体，而是我们的思维。

让我们带着疑问和好奇，真正读了故事，慢慢想通道理，就一定会感受到天马行空的思维快意！

不一样的思维

悟空取经归来，重回花果山，启智开蒙。一方面亲自授课，一方面外请高人，还安排悟性高的猴子去长安学习。一晃一年过去了，外派学习的尖尖嘴、短短尾、卷卷毛等学成归来，回到花果山。悟空心想，大唐长安文化发达，外出学习的猴子一定见多识广，干脆安排他们汇报汇报在长安的学习所得。

于是悟空把猴子们召集起来，说道："尖尖嘴、短短尾、卷卷毛，你们三个分别说说在长安学的什么？得到什么精髓？一两句话就行。"

众猴子一听悟空这话，立即安静下来，专注地等待着。

尖尖嘴抢先开口："大王，我在长安学的是城市建筑，那长安城的规划气魄宏伟，严整开朗。我悟到了一种整体严谨的思维。"

短短尾紧随其后，激动地说道："大王，我在长安城学的是天文历法，《皇极历》既观日，又观月，心中有日月之行。我感受到大唐宏大壮阔的思路。"

卷卷毛在大唐学的是数学，他不紧不慢地说道："大王，我在长安城是从《九章算术》学起的，我领悟到大唐开放自由的思想。"

猴子们听着听着，小声议论起来：

"我们没有去过长安，感受不到整体严谨啊！"

"短短尾，小尾巴，就他还宏大壮阔？"

"卷卷毛没有说出大唐的开放自由在哪儿呀？"

"开放自由在思想？感觉不到嘛。"

悟空一听猴子们的议论，知道问题出在哪儿了，怪自己只让尖尖嘴、短短尾、卷卷毛说一两句话，其他猴子们感受不具体，怎么办呢？出个具体的问题吧，让他们展示一下。

想到这儿，悟空说道："小的们，不急不急，俺老孙出道题考考他们三个，看看他们如何体现学到的精髓。"

悟空的问题是这样的：

假如给你一定数量的篱笆，请你围出一块地，要使这块地的面积最大，怎样围？

尖尖嘴学的是城市建筑，这个问题对他来讲，简直是小儿科，他率先说出了自己的方案："大王，我将篱笆围成一个圆，哈哈，圆的面积自然是最大的啦。"

尖尖嘴说完，一脸得意，并随手在地上画出一个大大的圆，有小猴子还不明白，悄悄地问："怎么圆就是最大的呢？"

长长臂拉过小猴子，在地上画出一个表格，开始举例说明。假如篱笆的长度是1256，可以举出四个图形的例子来。

学会举例说明。

长方形（一）	长方形（二）	正方形	圆
长：500 宽：1256÷2-500=128	长：400 宽：1256÷2-400=228	边长： 1256÷4=314	半径： 1256÷3.14÷2=200
面积： 500×128=64000	面积： 400×228=91200	面积： 314×314=98596	面积： $3.14×200^2=125600$

还没等这个小猴子听明白，别的猴子就都耐不住了，纷纷说道：

"大王，尖尖嘴的设计确实是最大的。"

"大王，尖尖嘴的设计还是最优设计，因为圆是最美的。"

"关键是圆最牢固，你们看野外帐篷的设计大多是圆的，可以更好地抵御大风大雨。"

悟空听到这儿，也跟着夸奖道："好设计，不愧是学城市建筑的，有着唯美严谨的思维。"

"大王，我还有不一样的设计。"短短尾说话了，

"尖尖嘴的设计实用，我的设计需要想象。"

实用、牢固、美观是建筑师的设计思路。

猴子们还没听明白，尖尖嘴已经把圆画在地上了，还有什么可想象的？大家正疑惑呢，短短尾翘了翘尾巴，提高嗓门说道："篱笆的数量是一定的，但篱笆间的间隔是没有规定的，我们想象把篱笆拉开，形成一条足够长的直线，这时候围起来……"

说着说着，短短尾故意停下来，有猴子机灵，接过话说道："哎呀，这时候可以围成一个更大的圆啦！"

有猴子比画着一个圆可以把当场所有的猴子都围进去，有猴子跳到石头上比画着把整个花果山围进去，一个接一个说着，篱笆围成的圆一个比一个大……

"你们这样说下去，得说到什么时候？还是听听短短尾的思路吧！"悟空示意大家静下来。

"大王，我们想象篱笆沿着地球赤道围成一圈。"

花果山

短短尾用手中的一个圆圆的果子比画着说，"假设这是地球，这时候围成的面积就是半个地球的表面积。"

赤道

大家一听惊呆了，没想到短短尾有如此开阔的思路，悟空也情不自禁地竖起了大拇指，赞叹道："尖尖嘴的设计实用，在大唐学到了建筑师严谨周密的思维。

有了想象，可以发现更广阔的天地。思维需要想象。

短短尾学的是天文历法，视野开阔，思维具有奇特的想象力。好！很好！好得很！"

悟空连说三个"好"，随即把目光转向卷卷毛，这下大家都看卷卷毛怎么设计了，尖尖嘴的最美、最实用，短短尾的最开阔、最奇特，卷卷毛还能怎么设计呢？

悟空一时也没有新思路，大家静静地等待着卷卷毛，只见卷卷毛在尖尖嘴的圆圈旁边画了一个小小的圆，猴子们纳闷了，怎么比尖尖嘴的还小？

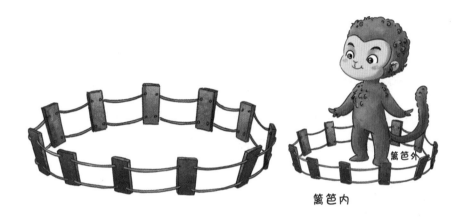

篱笆外

篱笆内

不知什么时候，红毛秃顶猴挤到了前面，冷不丁地冒出一句："卷卷毛，你搞错了吧，大王是要围出最大的面积，不是最小的！"

"说得好，小秃顶。"卷卷毛居然夸奖道。

众猴子不解其意，悟空一下子明白了卷卷毛的思路，摸着卷卷毛的猴头说道："有大就有小，由大想到小，你们猜卷卷毛接下来会怎么做？"

卷卷毛得到悟空的赏识，心里乐开了花，理了理毛发，慢悠悠地走进刚刚画好的小圆圈里，说道：

反向思维，欲"大"先"小"。

"看好了，我现在是在篱笆的外面。"

这一说，猴子们蒙了。

"什么？卷卷毛不是在圆圈里面吗？"

"如果卷卷毛在外面，那我们就是在里面了。"

"可以这样认为呀，我们是被卷卷毛围起来了。"

………………

说着说着，猴子们纷纷开窍了。这时候长长臂说："刚才，大家想的都是围出最大的，换一个相反的思路，围出一个最小的，那剩下的就是最大的。"

"哦，卷卷毛的方法是里面围成的面积越小，外面的面积就会越大。"尖尖嘴和短短尾不约而同地领悟了。

"嗯，卷卷毛思路相反，突破常规。"悟空总结道，"今天，我们感受到尖尖嘴思维的严谨，短短尾思维的开阔，还感悟到卷卷毛思维的自由。他们都是好样的！"

"大王，我们也想去长安学习。"有猴子提出请求。

"我也要去。"

"我也要有不一样的思维。"

"好，谁先提出一个有意义的问题来，就先安排谁去。"悟空脑子一转，引导猴子们思考。

从举例到证明，思维更进一步。

悟空话音刚落，不料红毛秃

顶不解地问道："大王，刚才长长臂仅仅是举了四个例子说明圆的面积最大，会不会有其他的图形比圆的面积还大呢？怎么证明呢？"

是啊，怎么证明呢？

悟空也跟着思考起来……

借用"相等"

这日，悟空想带猴儿们出去试试功力。去哪儿呢？他想起了祭赛国的金光寺。于是，就带着尖尖嘴、短短尾、长长臂、卷卷毛等猴子整装出发。国王得知大圣到来，连忙命人摆驾相迎，众小猴得见大王威风，更是欢喜。

国王与悟空久别重逢，一路上热聊起来，谈起当年大圣大战九头虫，夺回佛宝，国王更是感激不尽。

众小猴在一旁听得津津有味，盛赞大王厉害，同时对佛宝来了兴趣。

尖尖嘴请求道："国王陛下，佛宝有什么奇特之处？能否带我们去见识见识？"

国王正为如何接待他们犯愁，一听此话，心里有了主意，于是，引他们来到金光塔。

大圣心想：这帮活猴，只想着玩，我得考考他们，让他们既玩得开心，又玩出智慧。

于是，悟空假装不经意地对国王夸赞道："陛下，这塔真是坚固，这么多年过去了一点也没变样。记得当年我与师父一起扫塔，师父虽有诚心，但也只坚持扫到了第10层，剩下的3层可是俺老孙帮着扫完的。塔可真是高啊！"说完扭头问众小猴，"猴儿们，你们知道塔有多高吗？"

于是，大家议论起来，有的说至少有50米，有的说可能有80米，大家众说纷纭，莫衷一是。

国王正要接话向大家介绍，悟空向他使了个眼色，国王会意，笑道："猜猜塔的高度相当于你们多少只猴子的身高？"

"这个好办，我们可以叠罗汉，一个个叠上去就知道了。"短短尾觉得叠罗汉可是猴子们的强项。

"这得叠多少只猴子上去啊，太危险了，万一不小心摔下来，咱们就都得在这里养伤了！"尖尖嘴谨慎地说道。

众小猴没了主意……

长长臂踱来踱去，想着办法。这时正是上午，日光高照，只见斜长的影子也跟着他来来去去，时间一点点流逝，办法没有想到，却见影子渐渐变短，眼看着跟他的身高差不多了。

善于观察，发现影长与身高相等，由此类推塔高与塔影长度相等。

"有了，有了！可以借用影子的长度。"长长臂兴奋地叫起来，"小伙伴们，现在影子的长度跟我们的身高正好相等。"

一言点醒尖尖嘴："猴儿们，赶紧赶紧，我们可以躺着'叠罗汉'啦！现在塔的影子正好与它的高度相等，过了这个时间就难啦！"

几只机灵的小猴立刻会意，跑到塔底下一个挨一个的首尾相接，众小猴们陆续反应过来，一个接一个快速地接到了影子的顶端。

长长臂得意地对国王说："现在我们数一数就知道了！"

"真是一帮机灵鬼，佩服佩服！"国王哈哈大笑，转头对大圣说道，"看来大圣不仅武功好，还带出这帮聪明的徒弟，真是文武双全啊！"

"哪里哪里，陛下谬赞！"悟空心里得意，又怕徒儿们骄傲，于是转头对猴儿们说，"从这里你们能悟到些什么智慧呢？"

从塔身到塔影，由垂直到水平。直接测量转化成间接测量。

"塔的高度直接测量比较困难，所以转变思路，借用影子的长度间接测量。直接变间接是解决问题的好办法。"短短尾颇有感悟地说。

"塔高是垂直方向的高度，借用影子将垂直方向的高度转变为地面上的长度，这是解决这个问题的关键之处。"尖尖嘴抢着补充道。

"真正的关键之处是我们抓住身高与影长相等的那一刻进行测量。"卷卷毛总结道，"这是借用'相等'的关系，如果不等就不行了。"

长长臂向卷卷毛竖起了大拇指，悟空若有所思地笑了笑，说道："孩儿们算是聪明，我们再去看看国王的宫殿。"

众小猴兴奋极了，紧随国王向宫殿走去。他们来到宫殿，国王骄傲地向他们展示着一件件宝贝。当走到一个皇冠面前时，国王似有难言之隐，犹豫了一下，便向大圣诉说起原委来。

"大圣，此前我有两块质量相同的金块，本打算把一块打造成皇冠，一块打造成聚宝盆。于是，我先命一个工匠把其中一块做成皇冠。此人手艺精湛，皇冠很漂亮，但有几位大臣怀疑工匠用部分等质量的白银偷换了黄金，至今我也没有办法证实。"

悟空一听，觉得又是一个历练猴儿们的机会，转头问道："孩儿们，你们可有办法？"

大家抓耳挠腮，黄金被打造成皇冠后，质量又没变，怎么能证明掺杂了白银呢？一时猴子们都愣在那里。

短短尾说："质量没有变化，还能怎么判断呢？这可真是个难题！"

"如果皇冠的体积和另一块金块的体积相等，则没有掺假，如果不相等，则一定掺了白银。"悟空启发猴子们，"能不能换个角度，看看体积变化了没有。"

"相同质量的黄金和白银相比，白银的体积大。"尖尖嘴讨巧地说了个大家都知道的道理。

"皇冠的形状这么复杂，又有什么办法计算体积呢？"短短尾嘟囔着。

是啊，众小猴陷入了沉思，国王焦急地期待着，悟空似乎不急，抱起身边的一只小猴子跳进旁边的泳池里嬉戏起来，其他猴子们都耐不住了，一个接一个跳进去，只见水面在他们的嬉闹中一起一伏地波动。

长长臂定神一看，忽然灵光一闪："有了！"

国王立即转愁为喜，急切地说："快讲！快讲！有了什么办法？"

长长臂却不紧不慢地说："不急不急，先把另一块金块取来，再给我准备一个大圆桶。"

国王赶紧吩咐侍从照办，只见长长臂先取了半桶水，在水面处做了标记，然后将金块完全没入水中，又在上升后的水面处做了标记。

放入皇冠
放入金块

大家都在凝神屏气地看着长长臂的操作，悟空笑眯眯地望着猴子们。

尖尖嘴揣摩着长长臂的思路："金块没入水中，水面上升，这样金块的体积就转化成了上升的水的体积。"

短短尾还是一脸茫然："然后呢？"

"将金块慢慢地取出来，然后放入皇冠，皇冠的体积就是上升的水的体积。"尖尖嘴信心满满地解释着。

从重量到体积。从皇冠体积到水的体积。

短短尾终于醒悟过来："我知道啦！最后看看水面上升的高度是不是相等就可以了！这个办法太聪明啦！"

"瞧，皇冠没入水后水面上升的高度明显高于金块放入后的高度，显然工匠做了手脚。"长长臂将推断告诉了国王。国王信服地点点头，随即下令处置工匠，对大圣与众小猴则更是敬佩。

众小猴一下子明白过来，再次为长长臂拍手叫好。大圣欣喜地点点头，随即启悟道："你们能找到测量金光塔高度与测量皇冠体积在思维上的相同之处吗？"

"塔的高度等于影子的长度，借长度量高度。"尖尖嘴抢先说道。

借用"相等"的关系，把直接测量转化为间接测量。

"本来两块金块的体积相等，其中一块打造成了皇冠后，皇冠的体积与金块还是不是相等，看不出来了。"卷卷毛顿了顿，指着水桶继续说道，"把金块和皇冠分别放入水中，看它们上升的水的体积是不是一样，这是借水的体积。"

"都要借，借影子的长度测量金光塔的高度，借水

借用"相等" 031

的体积测量皇冠的体积，这是借用'相等'的智慧。"短短尾得意地向大家展示自己的理解与收获。

时间过得真快，当猴子们走出宫殿时太阳快要落山了，这时塔的影子变长了许多。卷卷毛见状向猴儿们提出了新的疑惑："如果这时候再借助影子的长度去测量塔高，可以吗?"

是呀，猴子们也发现，自己的影子比身高长了许多，卷卷毛提出的问题怎么解决呢? 还能借用到"相等"吗?

换一个角度思考

回到花果山后，悟空因心中时常挂念师父与师弟，便发出书信邀请师父师弟们到花果山小住，正好师父师弟们也有此意，很快，西天取经的团队成员便在花果山会面了。

花果山来了贵宾，自是热闹非凡，为了助兴，猴子们可是费尽心思，今日设宴，明天耍艺，好不热闹。

这天，在长长臂、尖尖嘴等猴子们的张罗下，练武场上将举行骑马比赛，按照悟空的要求，上午是六只猴参赛，每只猴都要两两对战一次，看最后谁赢的次数多。

"两两对战，那我们要赛多少场？"裁判猴一边嘀咕着，一边准备列表排出场次来。

裁判猴排着排着，好像发现了规律，一共是5+4+3+2+1=15场。

列表是一种方法，画图又是一种方法，不同的角度，不同的表达。

	①	②	③	④	⑤	⑥
①		✓	✓	✓	✓	✓
②			✓	✓	✓	✓
③				✓	✓	✓
④					✓	✓
⑤						✓
⑥						

　　裁判猴又感觉画表好像很费时间，转念又画出一幅图来。现在心中有底了，吹响了比赛哨。

六只猴两两对战图

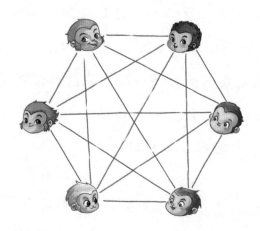

　　一开始，赛场上的欢呼声，一阵盖过一阵。14场比赛比下来，众猴子已觉疲乏，千篇一律，有些无趣，于

是提议变换一下比赛规则。

悟空对唐僧说："师父，还有最后一场比赛，你来调整一下规则吧，也好让小的们玩得尽兴。"

唐僧想了想，说道："前面都在比马快，那最后一场就换一个角度，来个'比慢'吧！"

裁判猴领了信，赶紧去传令："这一场要求比慢，谁饲养的马最后到终点，谁就赢。"

换一个角度，由"快"而"慢"。变化的是比赛规则。

这一场正逢卷卷毛、短短尾比赛，卷卷毛牵出自己饲养的大白马，短短尾牵出自己饲养的枣红马，两猴一跃而上，好不威风。一听新规则，两猴觉得"比慢"蛮新鲜的。

赛场上两只猴悠闲地骑在马上，慢慢腾腾，一步三晃，恨不得把一步变成十步往前挪。一个时辰过去了，可他俩磨磨蹭蹭连全程的四分之一都没有走完。这时，两只猴觉得越来越不爽了。

看台上，唐僧已然打坐入禅，八戒眯着眼小憩，只有沙僧还在礼节性地观看。眼看快到吃饭的时间了，悟空按捺不住了，转头对下面的长长臂和尖尖嘴说："这样比下去，自是无法吃饭。你们商量一下怎么办。"听了悟空这边的交代，唐僧、八戒也都精神了起来，都想看看谁能结束这慢腾腾的局面。

换一个角度，比赛分段进行。

没过一会儿，长长臂和尖尖嘴都走了过来。尖尖嘴说："我们可以暂停比赛，在两马现在的位置插上小旗，等饭后继续来比。"

长长臂道："我们直接减少赛程，他们都快走到四分之一了，我们规定谁的马先到四分之一处，谁就赢。"

换一个角度，比赛缩短赛程。

八戒看了看赛场，对悟空说："先吃饭，肚子饿了，暂停比赛，这个主意好！"

"长长臂缩短赛程的想法，是一个好思路。"沙僧在夸奖长长臂，继续说道，"长长臂比尖尖嘴会动脑。"

"徒儿们，你们再想想办法，还有别的思路吗？"唐僧似乎不急不躁。

"比到现在，都是师父比慢带来的后果。"八戒不乐意了，"本来是比马快，偏偏改成比马慢，真是的！"

八戒抱怨师父，沙僧一时也想不出更好的思路。唐僧见状提示道："猴子赛马，其中的要素有路程，有时间，有骑手，还有马匹。"

沙僧一听接话道："缩短赛程是一个思路，分段比赛也是一个思路，那骑手，还有马匹……"

悟空在一旁自言自语道："师父说，谁的马后到终点，谁就赢。现在卷卷毛骑着自己的大白马，短短尾骑着自己的枣红马，他们都希望别人的马跑得快，在骑手和马匹上换思路……"

悟空说着说着，停顿下来，期待着身边的小猴子们能接上来。

正在一旁沉思的长长臂听罢，脑中一闪："有了！谁的马先到终点谁就输，大家都不希望自己的马快，我们就换一个角度，让两个参赛选手换骑对方的马，快了就能让自己获胜，这样比慢就又变成比快了。"

换一个角度，由"慢"到"快"。变化的是马的骑手。

尖尖嘴也一下子领悟过来，高声说道："谢谢大王提醒，骑手互换马匹，比慢就又转换成比快啦！"

唐僧听罢，不由得赞许道："悟空，这些小猴子们悟性挺不错啊！"

悟空颇为高兴，宣布道："就按此法比赛。"结果，比赛很快就结束了，唐僧师徒及众猴子们按时用餐休息。

上午六只猴的初赛结束了，饭后，还将举行决赛。

换一个角度，由"单个"到"团队"。变化的是比赛方式。

悟空觉得师父不仅仅是观看赛马，更多的是在考查猴子们思路转换的意识。果不其然，下午刚开场，唐僧招呼悟空过来，吩咐道："悟空，上午是单人比赛，下午来个团队比试。"

八戒一向喜欢游玩，听到师父的建议，立即回应道："既是团队作战，不如我和沙师弟也去玩一玩。"

上午静坐了半天的沙僧一听，欣然同意。于是，八戒和沙僧负责领队，由各自的队员参赛。八戒带着长长臂、尖尖嘴、红毛秃顶，沙僧带着卷卷毛、短短尾、白毛圆眼开始了团队比赛。

八戒、沙僧商量，为玩得尽兴，比赛将分为两局，每局三场。

第一局，沙僧根据三只猴饲养的马的实力，将三匹马分为上等马、中等马、下等马。先用上等马，首场求胜，再用中等马，全力争先，最后用下等马，拼力一搏。八戒也做了同样的安排。

沙僧没想到，第一局下来，三场全输。原因是沙僧队三匹马的实力不行，上等对战上等，中等对战中等，下等对战下等，都略逊于八戒队的三匹马。第二局怎么办呢？

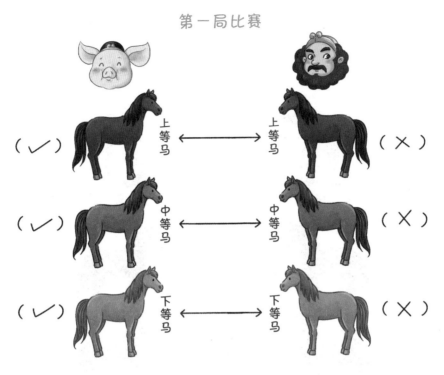

第一局比赛

沙僧一筹莫展，这时白毛圆眼走了过来，说道："沙爷爷，我曾听过一个故事，讲的是一个叫田忌的人与齐威王赛马，也遇到我们现在的状况，三种马都不及对手的厉害，但通过巧妙地安排，却赢了比赛。"

短短尾听了，有些奇怪："三匹马的实力都不及对手，如何能赢？"

卷卷毛说："这个故事我也听过，先了解对方的实力，再改变常规的上等对上等、中等对中等、下等对下等的赛法，用下等马对战对方的上等马，再用上等马对战对方的中等马，最后用中等马对战对方的下等马，便

换一个角度思考

039

可胜两局。"

卷卷毛边说边画出了田忌赛马的策略图。

田忌赛马

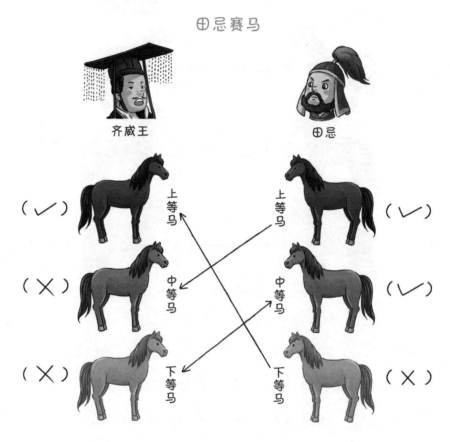

沙僧一看，觉得可行，欣喜地说道："我们就借用田忌的策略试一试。"

第二局第一场，八戒队牵出了上等马，沙僧队一看，立即牵出下等马，下等马意料之中的输了，八戒队赢了第一场。

第二局第二场，八戒队又牵出中等马，沙僧队牵出了上等马，正准备比赛。八戒队竟叫了暂停，原来中等马骑手红毛秃顶突然肚子疼，请求暂时离场，稍后再上场。

裁判猴同意了红毛秃顶的请求。红毛秃顶离开时，顺手将中等马牵走，八戒队的下等马上场了。

换一个角度，重新组合，这是田忌赛马的变化反转。

沙僧见了，顿觉不妙，准备叫回自己队的上等马，可裁判猴已经吹哨。结果显而易见，这一场八戒队输了，沙僧队赢了第二场。

接下来是第二局第三场，这时红毛秃顶回到场地，

第二局比赛

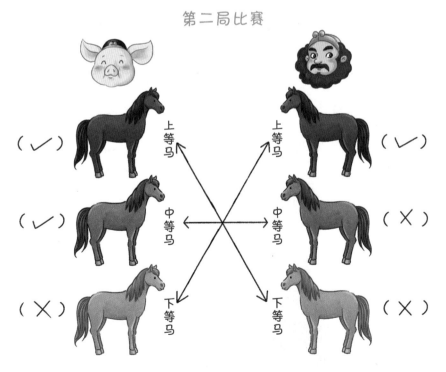

用中等马赢了沙僧队的中等马，八戒队赢了第三场。

最终，八戒队三场两胜，又赢了第二局比赛。

八戒与沙僧回到看台。悟空笑道："呆子，你今天运气不错嘛，连赢两局。"

"大师兄，第一局二师兄是赢在实力，第二局我们差一点赢了。"沙僧在回顾刚刚的比赛，"第二局，我们准备用田忌赛马的策略，不承想遇到意外了。"

"哈哈，哪是什么意外。"八戒得意地笑道，"我们也知道田忌赛马的故事。"

沙僧一惊，似乎明白过来了，说道："二师兄，上场前，我看到你在那只红毛秃顶的小猴子耳边嘀咕了几句，你是不是让他看到我的上等马上场就想办法下场了？"

唐僧见状，开心起来，觉得自己的徒弟不但熟知田忌赛马，还能变化运用，转头面向悟空说道：

还是让花果山的猴子们说说吧。

悟空示意参赛的六只猴子分别说说。

尖尖嘴还沉浸在比赛获胜的喜悦中，走上前来，兴奋地说道："第二局比赛前，猪爷爷带着我们分析了一下，预测沙爷爷会采用田忌赛马的策略。为了避免这一点，只有想办法赢第一场后，再让我们的下等马迎战你们的上等马，输一场。最后，剩下两匹中等马，实力略强的我们就能再赢一场。所以，红毛秃顶就'肚子疼'了。"

看到尖尖嘴得意的样子，沙僧队的短短尾不服地回应道："我们发现红毛秃顶'肚子疼'，就知道另有玄机，想立即调整，只是裁判哨吹响了，没办法了，不然的话，田忌赛马的成功将再次出现。"

"不要争输赢了，我们想想今天比赛中的感悟吧。"长长臂提议道。

"列表，换一个角度，画图。"白毛圆眼猴说道。

"比快，换一个角度，比慢。"红毛秃顶接上来说，"个人赛，换一个角度，团体赛。"

"有趣的是把比慢又转换成比快了。"短短尾回味着。

"田忌赛马，先人的智慧，今天又有新的突破和变化。"卷卷毛还是心悦诚服地赞叹着。

"转换思路，就有新的变化了。"

"换一个角度，有了不一样的思路，就会有出人意料的结果。"

猴子们意犹未尽地谈论着……

山不转哪水在转

　　一日午后，悟空想起古代神话传说大禹治水和愚公移山来，大禹的"三过家门而不入"，愚公的"子子孙孙挖山不止"，悟空不禁感慨古人治水移山的精神，这些先人应该让后生们敬仰缅怀。想到这，悟空召集猴子们，讲起大禹和愚公的故事来。

　　相传尧时代，黄河流域洪水泛滥，田地常常被淹，房屋被水冲毁。百姓无家可归，生活异常艰难。

　　尧安排鲧（gǔn）来治理洪水，鲧为防止洪水四溢，采用了堵截的办法，尽管水坝越筑越高，但依然挡不住狂涨的水流。鲧前后历时九年，也没有把黄河水患解决。

鲧
堵截河道

后来，禹接受了舜帝的指令，再度治水。大禹苦苦思索治水之策，翻山越岭，勘查测量，三过家门而不入，带领百姓开挖沟渠，疏浚水道，把洪水引入大海。大禹通过疏导的办法，治水成功，大禹被人们尊为中国古代的治水英雄。

禹
开挖沟渠，
疏浚水道

"孩儿们，听了大禹治水的故事，说说你们的感受。"悟空想用传统的故事启发猴子们。

"大王，大禹精神可嘉！三过家门而不入，一心治水，终于获得成功。"

"大王，大禹一方面是精神可嘉，另一方面是思路独特。"

"对，鲧采用的是围堵的方法，而大禹采用的是疏导的策略。"

"鲧治水九年都没有成功，如果大禹不换思路，接着围堵，也许治水依然失败。可见，思路决定了出路。"

由堵到疏，转变思路。

悟空见猴子们既有精神方面的感动，又有思维方面的触发，微笑着说道："大禹治水，可贵的不仅仅是三过家门而不入的精神，还有三思而后行的创造，我们从中学会了转换思维。俺老孙前些时日穿越到了三峡，放段视频给你们看看。"

悟空往空中一挥手，天幕中播放起三峡大坝的场景来，猴子们看着看着，纷纷议论起来。

"大王，后人更加智慧，不是简简单单地把洪水引入大海，而是用水发电啦。"

"大王，三峡也是一个大水库，干旱的时候，围堵蓄存在这里的水可以用来灌溉农田。"

堵疏并用，综合思维，造福人间。

"这么说，后人治水，既有围堵的时候，又有疏导的时候。堵疏并用啦！"

"说得好！大禹转换思维，由堵到疏，后人综合思维，堵疏结合。"悟空总结道，"孩儿们，收获怎么样？"

"学习大禹治水的精神，开拓大禹治水的思维。"猴子们一合计，竟然阐发出要义来。

悟空领首微笑，接着开讲愚公移山的故事。

传说神州有太行、王屋两座大山，方圆七百里，高达八千丈。山中住有一户人家，主人名叫愚公，愚公年近九十，家中儿孙满堂。

一家人苦于大山的阻挡，出山进山都要绕道很远，愚公召集全家人商量说："我和你们合力凿平高耸的大山，慢慢挖出一条大道来，一直通到豫州南部，好吗？"

愚公的妻子担心地说道："凭你的力气，恐怕连一座小山丘都不能削平，又能把太行、王屋怎么样呢？再说，往哪儿搁挖下来的石头啊？"

移山填海。

"我们把石头一起运到渤海去。"家里其他人提议道。

众人觉得方案可行，于是愚公率领儿孙们上山开凿石头，用箕畚运到渤海边上。冬来暑往，劳作不息。

有邻居讥笑道："就凭你愚公残余的岁月，恐怕连山上的大树都移不完，又能把满山的石头怎么样呢？"

积少成多。

愚公坚定地说道："即使我死了，还有儿子在呀，儿子又生孙子，孙子又生儿子……子子孙孙挖山不止，而山不会增高加大，还愁挖不平吗？"

后来，太行、王屋两座山的山神听说了这件事，怕愚公没完没了地挖下去，就向天帝报告。天帝被愚公的诚心感动，命令大力神背走了那两座山。从此，愚公一家出行再也没有高山的阻挡了。

听到这儿，猴子们知道，悟空该要他们谈谈感受了，不等悟空提示，就纷纷说开了。

"大王，大禹有治水精神，愚公有移山精神，我们要学习他们坚持不懈的精神。"

"大王，我还发现大禹治水带领的是百姓，愚公移山带领的是子孙，两件事都需要众人的力量。"

"除了力量，还有智慧。"

"啊，愚公移山有智慧吗？"

"有啊，大家不是想到把石头运到渤海吗？"

悟空听到这儿，觉得机会来了，心想除了学习愚公精神，还要开拓愚公思维，于是点拨道："孩儿们，好好想想，除了移山，还有别的思路吗？"

猴子们的注意力一下子转移到思维方式上来了，大家开始议论起来。

"山路崎岖，路途险峻，可以修一条盘山公路，既可以行人，还可以推车。怎么样？"

"好主意，修筑盘山道路比移山省事多了，只是日后，每天盘山而行，路更加长了。"

"我有一个办法，既不移山，又不盘山，而是开凿一条隧道。"

盘山公路是迂回而行，迂回也是一种思路。

不等这只猴子说完，有猴子就接着点赞道："这个办法绝妙，隧道比盘山路程短，开凿比移山工作量小。好办法！好办法！"

隧道是直达，犹如画了一条辅助线。

猴子们说完，感觉很好，从盘山的曲线路径，转换到隧道的直接通达，远远开拓了愚公的思维，满心等待悟空夸奖。

谁知悟空眼珠一转，反问道："嗯，你们都在'山'上做文章，如果'山'不动呢？"

猴子们愣住了，有猴子嘀咕："山不动，怎么办？"

有只猴子突然叫起来："大王，我刚才看到三峡大坝，视频上有索道，那愚公是不是还可以架设一条空中索道啊？"

"不行，不行，那是后人的办法，愚公做不了。大王说'山'不动，那'家'可以动吗？"

山不动，心在动，转变方向，想到搬家。

"'家'动？"

猴子们茅塞顿开："哈哈，大王，有啦，愚公搬家。"

"好一个'愚公搬家'，我们要学习愚公移山的精神，还需要开拓出愚公搬家的智慧。"悟空欣喜地说道，"今日，讲了治水的故事，又讲了移山的故事，最后，我唱一首有山有水的歌谣，你们好好听听，好好品品。"

山不转哪水在转，

水不转哪云在转，

云不转哪风在转，

风不转哪心在转

·············

心在转，即思维在转。

悟空忘我地唱着，猴子们专注地想着……

象棋的发明
（上篇）

得道成仙的孙悟空回到花果山，猴子们欣喜若狂，纷纷大叫："大王回来啦！大王回来啦！"

一群小猴子围着孙悟空腾挪翻越，一面展示刀枪棍棒，一面讨教武功绝技。

悟空教得畅快，猴子们学得起劲，一时间，整个花果山刀来剑往，武气升腾。有猴子建议：

咱们来一场花果山论剑，看看谁最厉害吧。

悟空觉得此提议甚好，于是征询众猴子的意见，猴子们纷纷点头叫好。悟空正欲宣布比赛时间，一只老猴子走到悟空跟前，低声说道："大王，不可。"

悟空有些纳闷："哦？有何不可？"

"大王，想当初，您是齐天大圣，大闹天宫，靠的是一身武艺。现如今，大王已得正果，理应传经布道。过去的大圣靠'武'，今日的大圣重'文'。"老猴子说得慢条斯理，悟空心头一震，觉得有道理，于是面向众猴子说道："此次回花果山一是看看孩儿们，二是依师父之命，启蒙开悟，谈谈天地智慧。"

小猴子们不解其意，小声议论道："启蒙开悟，天地智慧，不再是刀枪棍棒，上下翻飞，难不成教我们学琴棋书画？"

"花果山歇武三月，转学琴棋书画。"悟空拉住老猴子的手，高声说道，"自今日起，众小的们一起向老先生学习中国象棋。下周，本大王考考你们。"

老猴子领命，小猴子遂拜老猴子为师。大小猴子个个悟性高，一周时间，居然都有模有样地对弈起来，老猴子使出浑身解数，既教授棋艺，又谈及象棋的传说故事。一周之中，悟空也在静思默想，象棋是从何处来的，又往何处变化呢？似乎也悟出了象棋中的一些道理。

七日后，猴子们应悟空之命围坐在一起，交流切磋棋艺。小猴子们摆好棋盘，两两对坐，老猴子坐而观战，准备担当裁判。

"不急，不急，孩儿们，我先问你们一个问题。"悟空扫视全场，问道，"象棋是谁发明的？"

猴子们早就知道大王善于奇思妙想，所以事先已有准备，纷纷抢答：

思考起点：从何处来？

"大王，传说象棋是舜发明的。"

"不对，你这只是传说，据我所知，象棋的创始人是汉朝大将韩信。韩信根据兵法实战发明了一种纸上谈兵的游戏，韩信死了以后，象棋流传到民间。"尖尖嘴开口了。

"那为什么称之为'象棋'呢？"短短尾问。

"这……这……"

"还是听我说吧，舜有一个弟弟叫象，弟弟年幼无事，舜就发明一套棋来开蒙启智自己的弟弟。因为是给象下的，所以就叫做象棋啦。"长长臂替尖尖嘴解了围。

悟空见猴儿们争论，静观不语。老猴子见状，猜测大王另有深意，于是打断小猴子的话语，说道："不要争吵啦，大王问起象棋发明人，定有深意，我们还请大王点悟一二。"

"这样吧，俺老孙请出舜的弟弟象。"悟空面向群猴说道，"还有汉朝的大将韩信，听听他们是怎么说的。"

"还有这等奇事？"小猴子们正诧异呢，悟空施起法术，已请来一位，来者是象。象问明事由，正施礼时，长长臂急着问道："后人传说象棋是您哥哥舜发明的，因为是给您玩的棋，所以叫象棋，是吗？"

象微微一笑，不紧不慢地说道："这只是个传说，可没有文字记载呀。我也……"

不等象说完，有猴子就急呼呼地说道："我们一直有这样的传说，天下一统了，您哥哥先画了九条线（棋盘上的竖线），象征天下九州（冀州、兖州、青州、徐州、扬州、荆州、豫州、梁州、雍州），又画了十条线（棋盘上的横线）代表五岳（泰山、华山、衡山、恒山、嵩山）和五湖（洞庭湖、鄱阳湖、太湖、巢湖、

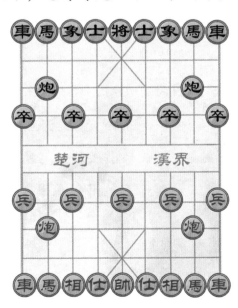

洪泽湖），九纵十横，这样就构成了一个棋盘。"

"哈哈，传说有趣，想象奇特。"象躬身施礼，笑道，"我可不知是谁所为，你们再去访问后人吧，告辞。"

舜发明象棋是个传说，没有记载，如今见到舜的弟弟象本人了，象也未置可否，难道传说有误？猴子们见没有结果，纷纷催促大王施法请来韩信问问。

"孩儿们，刚刚象说后人'想象奇特'，'奇特'在哪里呢？"悟空没有急于请出韩信，而是期待猴子们思考，"先想想棋盘吧，怎么来的？"

这个问题简单，大家七嘴八舌地议论着。

短短尾答道："画出来的呀，九纵十横，围成一个棋盘。"

"怎么想到画九纵十横的呢？"

"因为有九州，还有五岳五湖。"卷卷毛说。

"哦，原来不是凭空随意而画，棋盘的成形来自九州地貌。"一只小猴子似有所悟。

"看到天下九州，九州之中有高山，有江湖。"

观察自然，自然是我们的老师。

…………

悟空见时机成熟，总结道："棋盘的发明起源于观察，还有呢?"

"大王，如同把您的金箍棒缩小一样，棋盘的发明，是把天下山川汇集缩小，用线条勾画出来的。"尖尖嘴善于联想。

"说得好，棋盘的出现，得益于先人们对九州大地的观察思考，再把山脉河流看成线条，这就构成棋盘啦。"

猴子们机灵，一经点拨，纷纷感受到"想象奇特"实质是一种思维的方法。观察九州大地，线条勾勒描画，再细分排布成棋盘。

棋盘是简化的自然。

这时候，长长臂叫道："大王，我有个想法，这个棋盘就像古时候两军对战时的排兵布阵，下棋就象征打仗，所以把这个棋称之为'象棋'。"

"小家伙有想法，好！"悟空夸奖道，"我们再请出韩信大将军，看看将军怎么说？"

悟空默念咒语，一会儿，一位将军伴随一阵疾风出现了。猴子们赶紧施礼，齐声高呼："大将军好！"随后讨教求证象棋的发明。

"大将军，象棋中的车、马、炮是您设计的吗？"

"哪里哪里，象棋的发明时间大概是在春秋战国时期，象棋中的将、帅、车、马、士、卒好似周朝兵制。"韩信解释道，"周朝时军队的基本编制是'伍'，也就是由五名步兵组成，你们看，象棋双方都有五个兵或卒。"

"大将军，那象棋的规则就是周朝作战的规则吗?"短短尾好奇地问。

发明来源于生活。

"哈哈，传说当年，舜曾让大象耕田，所以'象'只能走'田'字，骏马日行千里，到了晚上要喂草、歇息，所以'马'只能走'日'字。战车可以横冲直撞，所以'车'只能走直线。最前面呢，就是一排兵卒，严阵以待保卫国家，所以兵卒不能后退。"韩信继续侃侃而谈，"想我带兵打仗，爱兵如子，用兵灵活，兵卒可灵活出击，并非不能后退。象棋是简单化了的战争游戏。"

"谢谢大将军指点!"悟空再次拜谢韩信，转身问道，"你们从象棋的规则中感悟到了什么呢?"

"大王，象棋的规则来源于兵战。"

"大王，象棋的规则模仿动物的习性特点。"

"大王，象棋的规则结合了动物的特点和兵战的状态。"

"我们明白了，象棋规则的发明是对先人生活与征战的一种简化。"

"哦，大将军您说是象棋中的将、帅、车、马、士、卒符合周朝兵制，您没有说到'炮'，'炮'呢？"长长臂心细，问出了新问题。

棋子的设计是不断发展变化的。

"是的，象棋是化纷繁为简洁的一种创造，至于你们所说的'炮'，这我可不知道，有劳大圣另请高明。"韩信说罢起身告辞。

悟空送别韩信，回应刚才猴子们的问题，说道："孩儿们，你们现在看到象棋中有'炮'，唐代以前，象棋只有将、车、马、卒四个兵种。唐代以后，开战双方以抛石车抛石攻打城池，再后来，象棋里就多了一种棋子'炮'，猜想抛石车的'抛'就是象棋里'炮'的来历。"

"大王，大王，我棋盘里的'砲'就是以'石'为偏旁的。"卷卷毛说。

"反应真快，棋盘中有以'石'为偏旁的，后来更多改成以'火'为偏旁的了。"悟空满意地点点头，"你们现在明白了吧，象棋是谁发明的呢？"

集体的智慧。

猴子们想起前面讲的故事以及传说，结合韩信将军的信息，面对大王再次发问，慢慢悟出象棋的发明之道，争先恐后，纷纷作答：

"象棋不是一时一人所能创造发明出来的，而是经过长久的演变，集聚了几代人的心血，才成为今天这个样子的。"

"传说棋盘中楚河汉界的由来，是借用楚汉相争的故事，当时项羽的军队与刘邦的军队进入僵持对峙阶段，于是两方商定以鸿沟为分界线，这就是棋盘中间画有一道楚河汉界的缘由。"

"传说象棋中红棋、黑棋的设定，是因为刘邦自称赤帝之子，所以刘邦用红色的军旗。项羽喜爱黑色，骑马打仗都骑着心爱的黑色乌骓马，所以项羽用黑色的军旗。"

"好了，好了，你们说说发明背后的道理。"悟空再次提醒。

"这些传说的背后，实质是一种发明，古人借助高山大川、历史故事设定了棋盘、棋子。"

"大王，这么说，象棋的发明来源于自然，来源于生活，来源于社会上发生的事情。"

"大王，我来归纳一下象棋行棋的规则。"卷卷毛信心满满地说道。

车行直，马行日，炮打隔子象飞田，士走斜线将帅边，兵卒横竖只往前。

　　"说得好！象棋不是凭空发明的，而是从观察描摹自然开始，再把生活实践演化成游戏，不断完善而成的。"悟空见猴儿们已感受到象棋发明的思维之道，欣喜地说道，"今日我们就议到这里，明日我们进行实战训练。"

　　众猴欢呼散去。

象棋的发明
（下篇）

第二日一早，花果山热闹非凡，随处可见两两酣战的猴子："驾炮，飞马，出车……"

不一会儿，一盘棋结束，双方正欲再战，悟空叫停了，猴子们不解，悟空说道："孩儿们，谁来说说，刚刚下的那一局，哪一枚棋厉害？"

"大王，我的车厉害，横扫对方阵营。"

"大王，我的当头炮厉害，一直保持威胁。"

"大王，我的双马勾连厉害，直逼老将。"

"大王，我的小兵厉害，最终困住了帅。"

…………

"到底谁厉害？'车'可以吃'兵'，'兵'也可以吃'车'，你们的这些棋子有大小吗？"悟空见猴子们说得起劲，提示道，"古人是怎么设定的呢？"

"大王，象棋棋子没有大小之分，可以互'吃'。"

"大王，象棋的棋子或横冲直撞，或步步紧逼，或腾挪跳跃，它们的攻守方式不同。"

"有没有一子独大、天下无敌的棋子呢？"悟空再次发问。

"大王，没有。"

"为什么没有？"

"大王，不能有，如果有的话，棋就无法下了。"

"是的是的，不然的话，走动'大棋'一路横扫，下棋一点趣味和思考都没有了。"

"你们从中感受到古人设定象棋规则的奥妙了吗？"

互相制约与平衡。

悟空点拨道，"棋子运行的魅力在哪儿呢?"

"大王，我想到了扑克牌，扑克牌是有大小的，从A、2、3、4开始，一直到10、J、Q、K。扑克牌的大小是单向的。"短短尾说。

"大王，A既可以算小，也可以算大。"卷卷毛补充道。

"大王，这样设定，扑克牌的大小就循环起来了，形成一个圆圈式的大小制约。"长长臂说。

"对的，象棋是循环式制约吗?"悟空继续带着猴子们深度思考。

"大王，象棋棋子大小平等，生死对等，主要靠配合取胜。"

"象棋的拼杀是双向的，所有的棋子对等，形成了一个网状的制约方式。"

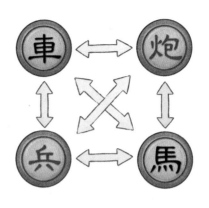

"好，在比较中思考，象棋与扑克设计思路不同，正是网的错综复杂，带来了象棋运行的变化多端。"悟空见大小猴子们如此悟性，很是开心，"有道是象棋千古无同局。小的们，再来比试一局。"

看着操练的小猴子们，老猴子在静静思考：我们只是单纯地教小猴子棋艺，没想到大王并不考查胜负，竟然从象棋是怎么发明的问起，还有棋子运行的设计原来是一种网状的思维模型，其中的智慧远远大于一盘棋的输赢。

老猴子心中暗暗佩服大王，准备改日把心中感悟教与小猴子们，正想着呢，第二盘棋结束了，得胜者欢呼雀跃。悟空扫视全场，询问道："谁来说说，刚刚这盘棋是怎么下的？"

一只小猴子志满意得，急不可耐地说道："大王，我驾炮，对方飞马，我出车，对方升象，我拱卒，对方……太多了，记不得了。"

发现问题。

下面一阵哄笑，没有哪个小猴子记得清楚。悟空把目光转向老猴子，不等悟空发问，老猴子上前答道："大王，休怪小的们，只是我们还没有教他们……"

"且慢，不要说出来，今日我们一起考考小的们，怎样才能记住刚刚下的棋呢？"悟空示意老猴子等待，小猴子们纷纷动起了脑筋。

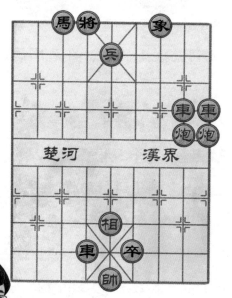

"走一步，记一步。"

"就是我驾炮，你飞马，我出车，你升象，我拱卒，你……"

"不行呀，炮驾到哪里呀？具体位置呢？"

"具体位置不就是在九纵十横上吗？对了，用数字表示。"

数字记录。

老猴子一听，觉得有戏，这不就是下一周要教的棋谱吗？老猴子领会了大王的意图，让小猴子们试着去探索发明记录的方法。

于是，老猴子开始启发小猴子们：

"可以把棋盘上的线标上数字呀。"

"猴师父，黑棋从左到右分别是1、2、3、4、5、6、

7、8、9。"

换个方向，巧妙区分。

"猴师父，红棋为了和黑棋区别，从右到左分别是1、2、3、4、5、6、7、8、9。"

悟空夸赞道："换一个方向，好思路。只是中间的'5'到底是用来标识黑棋还是红棋呢？"

"大王，我们把红棋的1、2、3、4、5、6、7、8、9改成一、二、三、四、五、六、七、八、九。"

…………

就这样，猴子们你一言我一语，慢慢琢磨出象棋的记录方法来啦。

悟空见天色已晚，跳上高台，大声说道："孩儿们，今日收获如何？"

"大王，我赢了一局。"

"大王，我赢了两局。"

发明并不神秘，发明来源于观察与思考。

"大王，我们都赢了。"长长臂起身说话，"我们不是赢在一局棋的胜负上，而是赢在……"

"让小的们说说，为什么都赢了？"悟空做最后的点悟，"小的们，今日的棋会你们明白了什么？"

"大王，我们明白了象棋的整个发明过程。"

象棋的发明（下篇）

"大王，具体说，棋盘的设计源于对大地的观察，棋子的设定源于对兵制的模仿，棋子的运行源于对战争的描绘。"

"大王，发明源于观察和思考。"

"多样的思维方式，设计出多样的游戏规则。"

"大王，棋谱的发明就是把下棋的过程数字化。"

老猴子也忍不住插话："有了棋谱规则，我们还可以下盲棋。"

"盲棋，什么是盲棋？"小猴子一脸茫然。

"孩儿们，回去以后，好好讨教猴师父。"悟空最后留下一个问题，"今日，我们感悟了象棋的发明，感受到象棋发明过程中的思考方式，除了象棋，我们还能发明别的棋类游戏吗？"

还有什么？

花果山的猴子们继续思考着……

仓颉造字
（上篇）

悟空回花果山开坛讲学。猴子们一改往日的嬉戏打闹，专注于诵读经书。闲暇之余，小猴子还经常问出一些意想不到的问题来：

"大王，这些经书从何而来？"年幼的猴子可能不知唐僧师徒西天取经之事。

"这你都不知道？这是大王西天取经得来的经书。"老猴子见多识广，继续说道，"这是大王历经千辛万苦取得的真经，这可是字字珠玑，我们要好好体悟。"

"你知道这么多，可知这经书是何人所写？"

"这……"

"我想，这么多经书应该不是一人所写。"有猴子补充。

"嗯，有道理，说下去。"悟空鼓励道。

"大王，前些时日，我们感悟到象棋发明的智慧，想必这经书也是几代人不断写就的。"

由"大"到"小"的追问。

悟空高兴地夸奖道:"好,万事相通,你们学会联想了。这些经书确实是几代人集体的智慧,字字珠玑,你们可要用心领悟。"

"大王,字字珠玑,这字又是何人所创?"

悟空见猴子们萌生了"从哪里来"的思辨意识,便放下手中的经书,心想:干脆带他们穿越一下,专门了解中国汉字的由来。于是说道:"孩儿们,大王今日和你们去拜访先祖,请教汉字中蕴藏的智慧。"

悟空施展法术,瞬间斗转星移,猴子们眼前一黑一亮,再定睛一看,已来到一个村落。短短尾首先发现很多人家里挂有打结的绳子,不解地问道:"大王,这是

狩猎的绳套吗？为什么打这么多大大小小的结呢？"

"我们现在来到了三千多年前的
黄帝时期，那时候可没有文字，先人
们就用绳子打结的方法记录重要的事
情。"悟空开始讲解。

结绳记事。

"大王，那我们来看什么呢？"红毛秃顶不解地问。

"我们今日拜见一位圣人——仓颉，传说是仓颉造
了字，并流传后世。"悟空边说，边带着猴子们来到一
位白发苍苍的老者跟前。

"拜见仓圣人，我等来自后世大唐，今日前来求教
圣人是如何造字的。"

仓颉停下手中的石刀，指着身边的龟甲说道："圣
人？不敢，不敢，我只是描摹天地万物，把它们刻在骨
头上。"

"不是造字，而是刻画？怎么刻画？"猴子们不解
地问。

仓颉俯下身子，一一指着身
边骨头上的刻痕说道："这是太
阳，这是大山，这是河水。"

取日、月、山、
水之原貌。书画
同源。

"正是正是，圣人这些刻画
就成了后来的'日'字、'山'字、'水'字。"悟空在

一旁讲道，"这些刻画比起结绳记事要清晰得多，这些甲骨上的符号慢慢成了造福后人的文字。"

日

山

水

取眼、耳、口、手之形态。书画同源。

"后生过奖，这些刻画不是我仓颉一人所为，我更多的是在汇总整理，你们来看，这里还有一组。"仓颉指着身后一堆骨头

上的刻痕说道。

目

齿

手

"圣人，让我来猜一猜，这些刻画的是我们的眼睛、牙齿，还有手掌吧？"卷卷毛机灵，不等仓颉说明就说开了。

"后生可畏，说得对。"

"大王，这些刻画就成了后来的'目'字、'齿'字和'手'字吧。"又有一个小猴子不甘落后。

长长臂心想，大王带我们来穿越，不仅仅是认字，一定是要感受其中的由来。这么一琢磨，有想法了，慢条斯理地说道："圣人的刻画一是来自天地环境，如日、山、水等等；二是来自身体形态，如目、齿、手等等。"

悟空见猴子们已有所悟，便拜别仓颉，慢行往回穿越，路上进一步追问道："文字是怎么来的？"

"大王，这么说，文字起初是画出来的。"

"怪不得有书画同源一说。"

"大王，圣人们的形象思维特别好，文字看似无中生有，其实是……"短短尾边说边想，不等他想好，卷卷毛插话了：

"仓颉先祖，察天观地，描画万物，慢慢有了文字。"

"说得好！你们感悟到了先人形象思维的成果。"悟空指着前方的树木点拨道，"你们想象一下，'木'字是不是也是这样的。文字起初是先人描画得来的。"

　　正说着，他们进入了一片树林，这触发了一只小猴子的疑问："大王，一棵树是'木'字，许多树用什么字呢？"

　　是啊，该用什么字表示呢？大家陷入深思。

仓颉造字
（下篇）

一夜无话。第二天一早，悟空召集大家，询问昨日问题可有答案。大家纷纷摇头。

悟空道："今天我们去拜见第二位先人，这位先人就是秦朝的宰相李斯，看他是否能解此问。"

正说着，悟空已带着猴子们现身于一座古城楼。他们穿过笔直宽阔的街道，来到李斯府上，一番行礼，悟空求教道："宰相大人，秦朝'书同文'，您可是千古功臣，我等刚刚拜会过仓颉圣人，您曾写《仓颉篇》，今日请您指教汉字的发展演变。"

"'书同文'是什么意思？"一只小猴小声嘀咕。

"我来解释一下，自仓颉造字以来，不同地域、不同人群描画自然形成的文字多有不同，后人又在描画的基础上，通过组合造出新字。"李斯应小猴疑问开始讲述。

"组合？怎么组合？组合也能造出新字来？"刚才提

问的小猴子追问道。

李斯打开竹简，指着上面的"木"字说道："你们看，两个'木'字组合起来，就成新字'林'，表示很多树木，三个'木'字组合起来，就是'森'字，表示一大片树木。"

"嘿，有意思，好形象啊。"小猴子刚才的问题找到了答案，"大王，我还想起了'囍'字，这也是组合造字。"

喜+喜→囍

"好小子，你看，'木''林''森'，这是数量累加组合，形象得很。还有意义相连的，如上面是'小'、下面是'大'，组合成'尖'字。'力'气'大'就成'夯'字了。"李斯对这些组合如数家珍，放下竹简，用手指沾着茶水在桌上写着什么，接着说道，"你们看这三个字，'東（东）''杳''杲（gǎo）'，也是组合。"

"我看出来了，都是日与木的组合，那能表示出不同的意思吗？"长长臂有几分好奇。

"当然，'日'是太阳，太阳的位置不同，表达的意思就不一样。太阳从林中升起，表示東（东）方，就是汉字'東'；日在木的下面，表示太阳落下，天色已晚，就是杳渺的'杳'；日在木的上面，表示太阳已经升起，就是杲杲出日的'杲'。"

"组合有意思，一个日，一个木，又生出三个字来。"长长臂感慨道。

"这是位置组合的变化，还有形态的变化，比如'从''北''比''化'，这四个字都是'人'与'人'的组合。"

"宰相大人，我们看不出来呀！"短短尾眉头紧锁。

"我来画给你们看，'从'是两个'人'面向左，'比'是两个'人'面向右，'北'是一个向左、一个向右，'化'是一正一反的两个'人'。"

"宰相大人，我明白了，'从'是同向左，表示跟从的意思。'比'是两'人'并列的意思。'北'是两'人'方向相反，背道而行。'化'是一正一反，有了实质性的变化。"短短尾总算明白了。

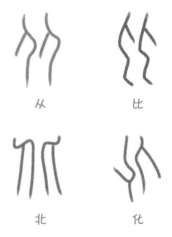

从　　　　比

北　　　　化

"生动、形象、有趣！"卷卷毛忍不住拍起手来。

"孺子可教，发现了汉字的趣味与美妙，本官也是乐在其中。"

"孩儿们，宰相大人讲授了这么多组合的例子，我们从中感悟到什么呢?"悟空开始引领感悟。

"大王，造字的方法既有单一的描画，又有部件的组合。"

"大王，组合是用原来的汉字生出新字，好理解。"

"大王，组合通过数量的累加、意义的勾连造出新字来，字的意义明晰得很。"

"大王，组合造字还有通过位置的变化、形态的变化进行的。"

从形象开始，逐步联想。

"大王，组合造字主要体现出简洁的思维方式。"

"大王，先祖从形象思维，再到联想思维。"

"大王，简洁是天才的姊妹，宰相大人就是天才，并且在简洁的造字方式中呈现出汉字的丰富意味。"

"惭愧! 惭愧! 如今天下一统为大秦，文字需要统一规范，即'书同文'。本官只是顺势而为，对先人的所造之字统整为小篆。"李斯谦逊回应道，"各位晚辈，本官还要去和朝臣们商议隶书之事，恕不能相陪啦。"

悟空和猴子们立即起身拜谢，离开宰相府。

走在大街上，猴子们好奇地认读各种店铺招牌的名字，一只小猴子发现有的字长长的，有的字扁扁的，便询问悟空："大王，为何有的字笔画圆转，而有的字笔画平直呢？"

"你善于观察，能发现问题了。俺老孙写两个字给你们看看。"悟空取出金箍棒在地上比画起来。

"大王，这两个字我们认识，是大王的法号'悟空'。"

"这是李斯宰相刚刚教我们的小篆，小篆字体长方，笔画圆转。"

"说得对，俺老孙再写两个字给你们看看。"

外形的发展变化。

猴子们机灵，一下子猜出了，异口同声地说道："还是大王的法号'悟空'。"

"对了，这就是宰相李斯和朝臣们在小篆基础上演变出来的隶书。"悟空边肯定边继续问道，"你们想想，从小篆到隶书，有什么变化呢？"

"大王，字形从长方到扁方。"

"大王，笔画从圆转到平直。"

"大王，整体是由繁到简的变化，感觉隶书写起来更快捷。"

"你们说的都对，古人在造字的历程中，不断转换思路，有长短方圆的变化，有粗细曲直的变化，还有……"悟空说到这，故意停了下来，"这样吧，我们接着去拜会汉代的'字圣'许慎前辈。"

悟空领着猴子们来到一座花园，只见花园里一位老者手捧书稿正在踱步沉思，猴子们眼尖，发现老先生手里的书稿正是《说文解字》，知道这一定就是许慎前辈，于是赶紧上去施礼，齐声道："打扰先生，我等来自后世大唐，今日登门求教先生造字的学问。"

老者一愣，悟空立即上前说明缘由，自己携众猴刚刚从秦朝穿越而来，拜请先生赐教造字的智慧。

许慎听罢，招呼悟空等入座花园小亭，打开手中书稿，问道："后生可知《说文解字》里共收录多少个汉字？"

"先生，您收录了9 000多个字。"长长臂抢先回答。

"对的，其中约有2 000个字是先祖通过形象描画，或是组合而来的。"

"先生，还有7 000多个字是怎么造出来的呢?"红毛秃顶问。

"你们一起过来，看这一组字：眼、睛、盼、眺、睁、瞑、瞅、盯、睡、眉、看、瞥……"许慎一招呼，猴子们有坐有站地围着亭中的小圆桌，许慎展开书稿，说道，"再看这一组：板、材、柳、桃、松、枝、杆、杖、柜、梁、梨、架……"

你们能发现什么?

眼睛盼眺睁瞑瞅盯睡眉看瞥……

板材柳桃松枝杆杖柜梁梨架……

"先生，第一组中的每一个字中都有'目'，第二组中的每一个字中都有'木'。"一只小猴子说。

"先生，'目''木'两个字都是先祖描画出来的，我们认识，您现在一下子延展出这么多字？"另一只小猴子惊呼。

"先生，第一组字的意思都与'目'关联，第二组字的意思都与'木'关联，虽然一下子出现这么多字，但它们的意思好理解。"尖尖嘴回答。

"好，你们看出道道来了，先祖用一个'目'字作为一个字的偏旁，表示这个字意义的本源，当然就好理解新造的字啦。"许慎进一步解释道，"你们再看看新造字的另一半表示什么呢？"

"先生，我感觉另一半是这个字的读音提示。"还是刚才那只小猴子抢先答道。

"小子聪明，先人造字，起初是用形象描画的方法，接着用意义组合的方法，而用得最多的是现在这种方法。"

联想式，类推式。

"先生，用一个表示意思的部分，再用一个表示读音的部分，两部分合成就可以类推出很多字。"老猴子试着总结道。

小猴子们也不甘落后，纷纷表达

收获：

"大王，描画造字是形象的思维，组合造字是联想式思维，先生刚才所说的造字是类推式思维。"

"类比推理，以一当十。"

"描画造字，是描摹一个增加一个字；组合造字，是由两个字变成三个字；类推造字，是声音加意义出现一串字。"

"从一个，到一组，再到一类，造字的效率越来越高。"

"怪不得，类推造的字有7000多个，因为这样造字最省事、最经济。"

悟空见猴子们悟性大长，非常欣喜，告别许慎，回到大唐时代，猴子们各自歇息。

第三天，悟空继续和猴子们领悟汉字的由来。千年文字，延续不断，描画出来，组合起来，类推开来，惊叹、敬佩先人在造字过程中的简洁思维、通达构思、丰富美感。

悟空觉得意犹未尽，此番穿越确实感受到汉字"从哪里来"，那么汉字还要"到哪里去呢"？想到这里，生发出一个问题，于是问猴子们："你们

从哪里来？到哪里去？还会变化吗？

大道至简。

想象一下，汉字还会变化吗?"

　　"大王，汉字会不会也同棋谱一样，出现编码，实现数字化、标准化?"

　　"大王，大道至简，汉字还会继续简化吗?"

　　"大王，汉字一定会出现更多的创造。"

　　…………

　　"小的们，说得有道理。我们知道汉字从哪里来还不够，还要思考汉字到哪里去，今日大王带你们穿越到未来，去领略后人的智慧。"

　　猴子们一阵欢呼，跟随悟空穿越去了。

扑克牌的设计

一日，悟空闲来无事，心生一念，猴子们练了拳脚功夫，又有了琴棋雅兴，闲暇之余，可再学点娱乐游戏，干脆今日教会他们一款纸牌游戏。

于是，悟空拔出猴毛一吹，变出若干盒扑克牌来。猴子们拿到手打开观看，只见一张张纸片上有的是数字，有的是字母，有的是头像，有的是图案，有的是红色，有的是黑色，一时眼花缭乱。

思考：从哪里来？

"孩儿们，都看好了。这是一盒游戏玩具，它的名字叫扑克牌。"悟空手里也握着一盒扑克，对众猴子说道，"今天俺老孙教教你们玩的方法，我先讲讲扑克牌的故事，从哪里讲起呢？"

大王，从扑克牌是怎么来的讲起吧。

悟空开始讲述：

传说古代周朝，那时还没有发明纸张，宫廷中兴起一种以树叶为玩具的游戏，称之为"叶子戏"。

还有另一种传说，扑克牌是汉朝时期发明的，是当时军营中流行的娱乐纸牌，因纸牌与树叶大小差不多，也称之为"叶子戏"。

后来，这种纸牌游戏由外国商人传到了西方。开始时，纸牌有56张正牌、22张副牌，传到不同国家时，纸牌数量又有所不同，意大利每副72张，法国每副52张，西班牙每副40张，德国每副32张。

纸牌绕着世界转了一大圈，融合了东西方不同的文化，凝聚了许多人的聪明才智，又传回了中国。

"大王，其中是怎么变化的？人们聪明在哪儿呢？"

悟空接着讲述扑克牌三点设计的变化：

1. 牌面方形的尖角改成了圆角；

2. 在牌边角印制数字或字母；

3. 牌面上下印制对称的图案。

悟空讲到这儿，停了下来，要求猴子们想一想，这样设计的好处是什么。猴子们再次摆弄手中的扑克牌，纷纷回答道：

思考：如何变化？

"大王，把直角改成圆弧，纸牌的角不容易折损。"卷卷毛怕小猴子们听不明白，指着胸前的一撮绒毛说道，"牌就不会像毛那么容易卷起来啦。"

"大王，在纸牌边角标识，即便单手拿更多的牌，也能看清楚标识，就像扇面一样。"短短尾边说边做了个示范。

"大王，牌面上下印制对称的图案，无论怎么抓牌，感觉手中的牌都是'正'的，整理牌时不需要翻转，方便了许多。"尖尖嘴也抓起牌比画着给大家看。

长长臂见三个问题都回答了，归纳总结道："设计中的直角改圆角，标识从中心到边角，以及图案上下对称，都是为了扑克牌更加耐用、更加方便、更加简洁美观。"

悟空觉得猴子们一点就通，于是开始讲述扑克牌其他的设计变化。

传说是法国人在意大利人纸牌的基础上规划设计了黑桃、方块、梅花和红桃四种图案，每一种都是从字母A开始，A代表1，接着是2、3、4、5、6、7、8、9、10，还有三种字母牌，即J、Q、K，分别代表11、12、13。这样正牌共有13×4=52张。

后来，美国人发明了大、小王牌，52张正牌又增加2张副牌，这就是通行至今的扑克牌，并成为世界各国都认同的国际性纸牌。

"大王，为什么这样设计就成为国际性的呢？"

思考：为何变化？

故事讲到这儿，悟空回神一想，居然是顺着小猴子们的思路：从哪里来的？怎么变化的？现在猴子们又提出"为什么"。悟空心中暗喜，感觉猴子们脑中已形成思辨的习惯，于是夸奖道："问得好！扑克牌能够得到世界各国认可，其中一定有大家认同的法则，那就是天地运行的变化，也就是历法。"

悟空说到这儿，并没有继续讲下去，而是要猴子们再次琢磨手中的扑克牌，思考究竟与历法有什么关联。

猴子们一下子热闹起来，讨论开始了。

"扑克牌有红桃、方块、梅花、黑桃四种图案，分别对应着春、夏、秋、冬。"

"大王代表太阳，小王代表月亮。"

"扑克牌分红色和黑色，分别表示白天和黑夜。"

"字母牌 J、Q、K 三种共 12 张，代表一年有 12 个月。"

思考：国际通行的原因何在？

"每种花色牌有 13 张，表示每个季节有 13 个星期。一年有 52 个星期，恰好是 52 张正牌。"

"52 张正牌的点数之和是（1+2+3+……+13）×4=364，再加上'小王'，正好等于 365，代表一年共有 365 天，如果再加'大王'，那就是闰年的 366 天。"

猴子们惊叹，扑克牌真的太神奇了。原来扑克牌也是在察天观地、描画自然的过程中发明完善起来的，想不到很多发明都是从自然中得到启示的。现在扑克牌成了全世界最流行的纸牌游戏，那扑克牌到底怎么玩呢？

悟空原本只想教教猴子们扑克牌的玩法，但看到猴子们如此有潜力，心想，何不让猴子们自创玩法呢？于是说道："孩儿们，扑克牌的玩法多得很，无论哪一种都是游戏双方牌的种类与数量的比较，你们想想有哪些种类与数量比较呢？"

悟空这么一提示，猴子们思路大开，长长臂排出了五张牌组合的情况。

同花顺：同一花色顺序的，如 □□□□□ 。

杂花顺：不同花色顺序的，如 □□□□□ 。

三带二：三张同一点数的加两张其他同点数的，如 □□□□□ 。

同色花：五张同一花色的，如 □□□□□ 。

短短尾排出了所有的炸弹，即四张是同一点数的，如 □□□□ ，一副牌一共有 13 个炸弹。

悟空环顾四周，发现猴子们有的已开始玩起来了，有两只猴比输赢的，有三只猴玩推磨的，有四只猴打配合的……有比点数的，有比花色的，有比积分的，

多样的视角。

有比张数的……悟空特别高兴，没想到，猴子们自学成才，从不同的角度设计规则，竟然玩得很欢。

这时候，尖尖嘴和卷卷毛玩着玩着争吵起来，悟空走近一看，尖尖嘴出的牌是炸弹 □□□□ ，卷卷毛出的牌是同花顺 □□□□□ ，他们为究竟谁的牌

大而争论。

尖尖嘴说："大王，我的大，4张相同，而且已经到K了，他是小数字2、3、4、5、6。"

卷卷毛说："大王，我的大，我是5张同花色，他只是4张。"

其中有数学道理。

其他猴子听他们这么说，一时也判断不了，纷纷说道："听大王的，大王说炸弹大就是炸弹大，大王说同花顺大就是同花顺大。"

"啊？这可不行，谁大谁小要算出来。"悟空对猴子们说道，"俺老孙算了一下，抓到同花顺的可能性比抓到炸弹小，所以，同花顺比炸弹大。"

尖尖嘴不解地问道："大王是怎么算的呢？"

引入变数。

悟空看猴子们想知道原因，想到猴子们现在功力不够，一时估计也听不明白，于是转换话题，说道："孩儿们，这个算法我明日请我的师父来教与你们，现在请你们想一想，假如扑克牌中设计一张'百搭牌'，会玩出什么新花样呢？"

"百搭"，想变成什么就是什么？太有趣了。猴子们的兴奋点一下子被激活了，还可以设计什么玩法呢？

思考：还会怎么变？

调序·整合·转换

悟空自打在花果山授徒以来，成效极高。经他教授的徒儿们，成了既能舞枪弄棒、吟诗作画，又能打扫庭院、洗衣做饭的多面手。

这段时间，悟空遇到了一个叫白毛圆眼的小猴子，学习态度倒是认真，只是每天早晨的行动总比他人慢几拍，上学总是姗姗来迟。

休息日到了，花果山的猴子们大多进城玩耍去了。悟空颇为清闲，就吩咐长长臂、尖尖嘴去把白毛圆眼带过来聊聊。当悟空问到每日为何总是迟到时，白毛圆眼委屈地说："大王，我起得可早啦！可等我吃完早饭，就发现长长臂和尖尖嘴早跑得没影啦！"

"你倒说说每天早晨都做了哪些事，时间都用在哪儿了？"悟空问。

"整理床铺3分钟，刷牙洗脸5分钟，打扫庭院12分钟，煮粥20分钟，喝完粥连同洗碗10分钟。"

"我们也做这些事呀！"尖尖嘴做了个鬼脸，"我只要花 30 分钟就可以搞定。"

"什么？不对吧？"白毛圆眼觉得尖尖嘴算错了，进一步说道，"这些事一起做完需要 3+5+12+20+10=50 分钟，你怎么算的？"

"哈哈，我是这样算的。"尖尖嘴嘴角流露出一丝得意，继续道，"3+5+12+10=30 分钟，我可没算错。"

"尖尖嘴，你少算了煮粥的 20 分钟。"白毛圆眼像是发现了问题。

"那你按什么顺序做这些事的呢？"悟空好像是在漫不经心地问。

"我就是一件接着一件做，从整理床铺开始，接着刷牙洗脸，一直到煮粥喝粥，最后洗碗嘛！"

尖尖嘴像发现了新大陆似的喊起来："难怪，难怪！白毛圆眼和我们做一样的事，所花时间却比我们长，是因为……"

尖尖嘴故意停了下来，一旁的长长臂接过话茬："其实这些事的顺序是可以调整的，你可以先把粥煮上呀，煮粥的同时整理床铺、打扫庭院、刷牙洗脸，等洗漱完成，粥不也煮好了嘛！"

"整理床铺、打扫庭院、刷牙洗脸共 20 分钟，煮粥也是 20 分钟呀。"尖尖嘴怕长长臂抢了他的话，继续说道，"你这样做足足节省了 20 分钟！"

从依次进行，
到同步进行。

"白毛圆眼，你现在明白了吗?"悟空关切地问道。

"大王，明白了，原来问题出在这儿。"白毛圆眼边说边画出了两种不同的流程图，"问题出在顺序上，怪不得我天天迟到呢。"

流程图（一），共 50 分钟。

流程图（二），共 30 分钟。

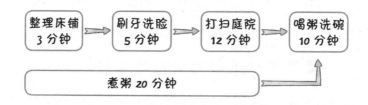

"调整顺序的直接作用是什么呢?"悟空追问了一句。

白毛圆眼先是略有所思，然后恍然大悟地说道："寻找可以同时进行的事情。"

"大王说的就是统筹法吧?"不知什么时候卷卷毛也来到这里，忙不迭地插上话来，"我们在完成许多事情时，要通盘考虑，可根据事情特点、时间长短，合理安排做事的先后顺序，做好穿插兼顾。"

"大王，接下来白毛圆眼不会迟到了。"尖尖嘴感觉教会了白毛圆眼。

"关键是学会了优化时间。"长长臂深度总结道。

悟空见长长臂、卷卷毛、尖尖嘴、白毛圆眼都在，且从一个日常问题中提出不同的思考，于是来了兴致，高兴地说道："来来来，小的们，你们刚才运用调序，安排同步，优化了时间。俺老孙再出一题，你们琢磨琢磨。"

悟空边说边写，问题是这样的：

猴爸爸和猴妈妈休息日要完成三项家务活。

1. 庭院草地除草，需 30 分钟，除草机只有一台。

2. 屋里家具吸尘，需 30 分钟，吸尘器也只有一台。

3. 给小猴子洗澡，也需要 30 分钟。

问：猴爸爸、猴妈妈如何协调合作，可在最短时间内完成三件家务活？

白毛圆眼一看，不就是三件事吗？不能像以前那样一件接着一件做，那样需要 30+30+30=90 分钟，安排同步进行，想到这里赶紧说："大王，猴爸爸和猴妈妈同时做家务，一个除草，一个吸尘，30 分钟后，为小猴子洗澡，这样一共需要 60 分钟。"

尖尖嘴一听觉得有道理，白毛圆眼真能现学现用。

长长臂觉得奇怪，大王这道题比刚才的还简单，不会吧？抬头看看大王笑而不语，难道还可以更加优化？

发现端倪，有猴子"闲"着。

"你们看，白毛圆眼的方案中，后一个 30 分钟，猴爸爸或猴妈妈有一个闲着。"卷卷毛心中狐疑，发现其中有空当。

悟空看出了他们的心思，悠悠地来了一句话："3 个 30 分钟，2 只猴子。"

长长臂、尖尖嘴、卷卷毛、白毛圆眼凝神细想，大王这话定有深意，四只猴子不由自主地商讨起来。

"要'猴尽其用'，谁也不闲着。"

"那就是 30+30+30=90 分钟的家务活，2 只猴分担，90÷2=45 分钟完成。"

从算入手，发现最终结果。

"从算式上看，45 分钟肯定是最少时间了。"

悟空听到这儿，微微点头，

猴子们心领神会，大王提示他们45分钟就是最佳答案了。

"那45分钟怎么安排呢？"卷卷毛把问题继续推进着。

"给小猴子洗澡不好中断，不然水凉了，这是30分钟，先定下来。"白毛圆眼说出一个基本点。

"假如给小猴子洗澡的是猴爸爸，那他接着还要干15分钟的家务活。"卷卷毛接过话头，分出一个15分钟来。

"有了，15分钟正好除一半草地，那另一半草地……"长长臂继续推演着，未等说完，尖尖嘴插话道："另一半草地自然是猴妈妈干的。"

议论到这儿，卷卷毛似乎明白了，小声嘀咕着："猴爸爸给小猴子洗澡的同时，猴妈妈开始除草，15分钟后，猴妈妈停下除草，去给家具吸尘了……"

白毛圆眼一时还不理解，长长臂提醒道："和刚才一样，我们画个流程图看看。"

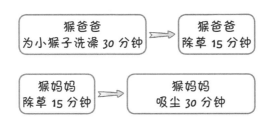

白毛圆眼一看，豁然开朗，四只猴异口同声地说

时间分段，
寻求同步。

道："大王，45分钟搞定。"

悟空看时机已到，追问道："你们是怎么想到45分钟的呢？"

"我们通过计算，在'猴尽其用'的情况下，算出来的。"

"那45分钟又是怎么组成的呢？"悟空继续追问。

"大王，把其中一件事分成两段，15分钟一段。"

"那与刚才的调序相比，有什么不同呢？"

四只猴子沉静下来，哪儿不同呢？

"大王，我先说说相同吧，那就是两件事同时进行。"尖尖嘴想讨巧，说了最简单的。

"大王，我发现不同了，第一道题，通过调序实现同步，第二道题，采取分段安排实现同步。"长长臂做了区分。

"不仅仅是把事情分段，还安排不同的猴子去完成。"卷卷毛的话又深入了一步。

白毛圆眼在一旁感叹道："大王，没想到我的一个迟到现象，引出了时间优化，从调整顺序，到猴力整合，有意思。"

悟空也没想到今日一番闲聊，聊出了统筹优化的高度来，心满意足地说道："哈哈，生活中的问题，你们都会动脑子啦。好了，今日休息，你们玩耍去吧。"

四只猴子刚刚走出洞口，就迎面撞上红毛秃顶猴，只见他连滚带爬地进来了，哭丧着脸说："大王，救我，快救我！"

"怎么了？慢慢说！"悟空示意道。

"今天一早，我进城玩耍。在城门口，见到一大群人在围观，大家都盯着一张布告指指点点。我隔得远，看不清上面写的是什么，可我又想看个究竟，就纵身越过人群揭下了那张告示。岂料刚刚揭下，就有官兵围上来要将我带走，并说不跟着去就犯了欺君之罪。天哪！那一刻，我才明白揭下的是皇榜！

"皇宫失火，需要重建，皇上在招募能解决设计难题的人。我只是一个无名小猴，哪有这样的本事？于是我再三央求官兵，给我一个时辰，回家请大王出谋划策。若到了时间，还不返回，他们就要……呜呜呜……"红毛秃顶失声痛哭起来。

"就要怎样？"

"就要游街示众。"

"哦？"当年的齐天大圣经过岁月的历练不再轻易动怒，只是淡淡问道，"皇榜上写的什么？"

红毛秃顶从怀中掏出皇榜，众猴子围过来看。原来是要修建皇宫，必须在一年内完成。主要有三项工作耗时费力：一是需要夯土成砖，取土要到远离皇宫的城外。二是需要房梁木料，先是城外的水路运输，到了护城河再通过马车转运进宫。三是需要清理垃圾，皇宫建成后，建筑垃圾要运送到城外。

"一会儿是水路运输，一会儿是马车运输，中途还得转运。"

"先是运土到城里，最后还要运垃圾到城外。"

"按常规思路，一年时间，办不到啊！"

"至少要一年半时间。"

猴子们议论纷纷，眼下就是要寻找省时省力的法子，猴子们一时面面相觑。

长长臂试探着说道："联想刚才的调序优化，还有整合优化，行不行呢？"

"调序不了，只有先运土进城，最后才有垃圾出城，没办法同时啊。"尖尖嘴白了长长臂一眼。

"时间同不了，地点呢？"白毛圆眼突然冒出一句。

时间调序不行，时间分段也不行，转换视角，从关注时间到关注地点。

"有了，就地取材，就地填埋。"卷卷毛一下子领会了。白毛圆眼不解，急切地问道："什么就地取材？就地填埋？"

悟空一听乐了，夸奖道：

好主意，卷卷毛你细说一下。

"大王，原本要到城外取土，现在就在城中取土，这就是就地取材。取土留下的窟窿，正好再用建筑垃圾填充，这就是就地掩埋。"

"这可省时多啦，至少省时三个月。"尖尖嘴一看卷卷毛抢了风头，不甘示弱，又觉得深度不够，补充说道，"大王，土变成新砖，失火烧坏的废砖填入土坑，这可是将同地点的资源进行了整合。"

"说得好！刚才是把一件事分段，重新整合。现在是把两件事集中一处，同地整合。"长长臂学着悟空的腔调总结道。

地点整合。

红毛秃顶猴见事情有点转机，继续哀求道："各位猴哥哥，主意是好主意，只是时间还需要一年三个月呀。"

"是啊，我们刚才整合了城外取土和城内垃圾。那水路运输和马车转运太耗时啦，怎么办呢？"悟空提出新的思考方向。

猴子们又一起讨论开来。

"如果都是水路运输就好了。"

"都是马车运输也可节省时间。"

"能不能整合呢？"

"把河填平？又长又宽的河，不可能的事！"

"挖路成河？"

"挖一条皇宫通向护城河的河。"

大家七嘴八舌说到这儿，悟空一声"停"，猴子们怔住了，大王有主意了？只见悟空眉头舒展，说道："刚才挖土，现在挖河，可以把两者联通起来吗？"

挖土烧砖与挖通河道统一起来，从地点整合到事项整合。

"对呀，在城中挖土，挖出一条河来。"

"挖出通向护城河的河。"

"哈哈，城中取土又与运输整合起来了。"

说到这儿，红毛秃顶猴一下子豁然开朗，急呼呼地归总出修建皇宫的方案：在用来建皇宫的空地上挖深沟，并让这沟与城外的河流相连通。这样做的好处一是

房梁木料可以直接送至宫内，免去转运的麻烦；二是挖出的土正好就地用于修建宫墙；三是待工程全部结束，再将建筑垃圾填埋于沟内，恢复路面原样。

"这样，足足可以节省六个月的时间，一年内修建好皇宫一定没问题啦！"悟空信心十足地说道，"孩儿们，回想一下上午三个问题的思考过程，有什么收获？"

"大王，第一个问题的思考，重在调序，在同步中优化。"

"大王，第二个问题的思考，重在整合，在分段中实现同步。"

"大王，修建皇宫的问题思考，重在转换。"

"哦？怎么转换的？"悟空兴奋起来。

"取土挖土，形成一条河，恰好转换成水路运输。"

"取土挖土，形成一条河，恰好转换成垃圾的填埋地。"

"这里的转换，有时间上的穿插连贯，土取完了，河道通了。"

"这里的转换，有地点上的关联呼应，土取走了，垃圾来填。"

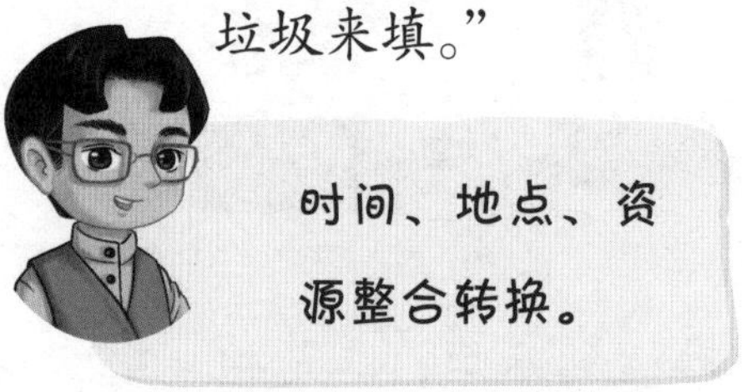

"不仅仅是时间、地点，是整个资源的整合转换。"

············

时间、地点、资源整合转换。

猴子们意犹未尽地议论着，红毛秃顶见一个时辰差不多要到了，悄悄地走出洞口，自信满满地向着皇城的方向走去……

牛皮变变变

　　话说悟空陪伴师父西天取经，功德圆满后，回到花果山，开办智慧学堂，教猴子们识文断字，学习礼仪，操练武功，栽桃种柳，忙得不亦乐乎。

　　春分前后，天气回暖，正是踏青时光。这一次的社会实践活动，悟空打算带猴子们走远一点，重游一段取经路，让猴子们体验当年取经的不易。悟空带着尖尖嘴、短短尾、长长臂、卷卷毛等一路西行，不出半月，便来到了朱紫国。国王得知大圣光临，连忙出城相迎。

　　猴子们一路上见街道整洁，商贾云集，一派繁荣的景象，开心得不得了。悟空进城后就发现民众皆不穿鞋，赤脚行走，好生奇怪，相见之后便问国王。

　　国王解释道："朱紫国雨量充沛、空气潮湿，草鞋易烂，布鞋易湿，不及赤脚来得畅快。"

　　再看看国王和随行大臣，也个个赤脚，悟空沉思不语。

来到皇宫，国王牵手悟空同上金銮殿，共坐金銮宝座。只见宝座四周铺了一张牛皮，国王光脚走在上面，十分舒适惬意。再看看殿下的大臣们，就没有这般待遇了。

悟空连忙召集猴子们，说道："孩儿们，这朱紫国雨多潮湿，臣民赤脚行走，硌脚不说，湿气、凉气容易侵入体内，于健康不利。国王用铺牛皮的方法很好，怎样让臣民们也能享受到国王的待遇——人人都能走在牛皮上呢？"

尖尖嘴连忙站起来说道："大王，这个好办，在全国路面上都铺上牛皮不就得了，这样民众无论到哪里，都能走在牛皮上。"

"那得要多少牛皮呀。"短短尾呵呵地笑出声来，"就是将全国的牛都宰了，也只是九牛一毛，无济于事。更何况，牛是农民的命根子，拉车犁田全靠牛，农民怎么会舍得宰牛呢？"

"嗯，的确是的，这样做太浪费了。"长长臂补充道，"也没有这么多牛皮啊。"

卷卷毛想起大王教他们翻筋斗的样子，脚下有一片祥云，自言自语道："要是牛皮能像大王的筋斗云一样，能跟着走就好了。牛皮不用多大，能铺满脚掌就行。"

"把祥云变成牛皮，让牛皮动起来，这主意不错！"猴子们好像悟出了点什么，叽叽喳喳地议论

牛皮由"多"到"少"的变化。

起来。"可是怎样让牛皮跟着脚走呢？"悟空问道。

尖尖嘴撇了一下嘴，说道："大王，这好办，将牛皮裹在脚上不就行了？这样不用浪费很多牛皮。"

"可是牛皮会松散啊，怎么办？"短短尾追问道。

"这好办。"长长臂接话道，"我们用一根绳子将牛皮系好，绑在脚上，就不会松散了。"

"好主意，牛皮不再是固定铺在地面上，而是裹住脚，让牛皮动起来！"国王一听乐了，并连忙命工部大

牛皮由"静"到"动"的变化。

臣参照猴子们的想法裁剪牛皮和带子。没过多久，皮鞋诞生了。

从此朱紫国的臣民都穿上了皮鞋，告别了赤脚时代，这是后话，暂且不表。

金銮殿上，国王与悟空似乎有说不完的话，谈起当年悟空智斗赛太岁金毛犼，救出金圣宫娘娘，更是感激不尽。

悟空听了，哈哈大笑，说道："无妨无妨，国王可曾记得当年的承诺？"

国王一听，忙说："记得记得，大圣有什么需求，尽管开口。"

悟空说道："我想要一块土地，建一个孩儿们的劳动实践基地，还请国王成全。"

国王一听，面露难色，心想金银珠宝，什么都行，可这国土是老祖宗留传下来的，不能随意让人。

悟空看出了国王的心思，心想，当初为救你家娘娘，俺老孙出生入死，你信誓旦旦，只要俺老孙开口，赴汤蹈火在所不惜，如今借你一点土地，竟如此小气。罢了罢了，想到这里，悟空灵机一动，补充说道："放心放心，我只要一张牛皮模样的土地。"

国王一听，心想，一张牛皮，不过脚下三五步的面

积，便爽快地答应道："就依大
圣，一张牛皮的土地，除了宫殿
所在，其他地方任大圣挑选。"

牛皮由"面"到"线"的变化。

悟空向国王要了一张铺在脚下的牛皮，招呼三只猴
子说道："孩儿们，将这张牛皮拿去，沿着边缘剪，剪
出窄窄的长条来。"

国王听了，丈二和尚摸不着头脑，不解大圣的葫芦
里卖的什么药。

长长臂接过整张牛皮，在尖尖嘴、短短尾、卷卷毛
等协助下，沿着牛皮边缘一圈一圈，剪出窄窄的牛皮长
条。量了一下，足有 62.8 米长。

国王不解地问道："大圣，好端端的牛皮，剪成皮
条干什么？"

悟空嘿嘿一笑道："圈土地啊！我所说的一张牛皮
模样的土地，就是用一张牛皮剪成皮条圈出的土地啊。"

国王"啊"的一声，原以为是牛皮面覆盖的土地，
这下上了这猴子的当了。但转念一想，不过就这么长的
牛皮条也圈不出多少土地来，还是答应了。

悟空召集猴子们，让他们想圈土地的办法，要求面
积尽可能大。

猴子们聚在一起商量。

短短尾说："去年，我们在沙爷爷家曾经做过一个围图形的实验，周长相等的图形，圆的面积最大。我们圈一个圆吧。"

长长臂算了一下，周长62.8米的圆，半径是10米，面积是314平方米。

猴子们忙将结果汇报给大王和国王。

国王一听，心想面积不大，便满不在乎地说："大圣，我说话算数，全国土地，除宫殿之外，任您选择。"

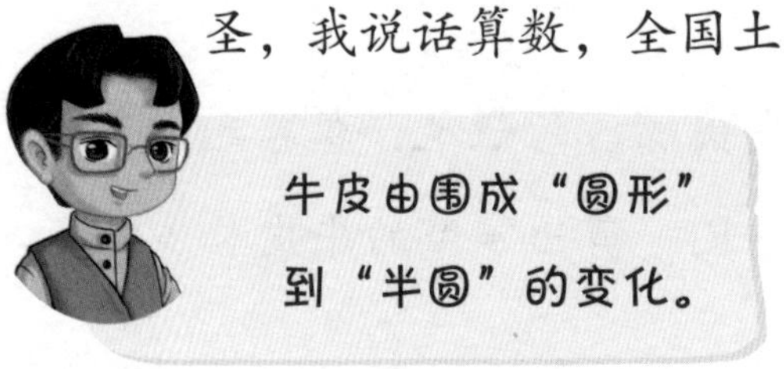

悟空一边应和着国王，一边启发猴子们："你们的想法不错，用牛皮条圈了一个实实在在的圆。但朱紫国有很长的城墙、街道、河流、山脉，为什么不借用一下现成的条件，圈一圈呢?"

牛皮由围成"圆形"到"半圆"的变化。

受到大王的启发，猴子们又开动起脑筋，他们一会儿凝神思考，一会儿动笔演算。

忽见卷卷毛跳起来，嚷道："我有办法使土地面积扩大一倍。"

国王心中一惊，目光注视着卷卷毛。

卷卷毛说道："现在我以城墙为屏障，圈一个半圆（如图），半圆的弧长是62.8米，整个圆的周长就是62.8×2=125.6米，那么半圆的半径就是125.6÷3.14

÷2=20米，围成的半圆面积是 $3.14 \times 20^2 \div 2 = 628$ 平方米。"

　　猴子们很是惊讶，没想到围成一个半圆，面积竟是围成一个圆的面积的 2 倍。长长臂见状随即列出一张表格来，大家这时候全明白其中的道理了。

	围成圆形	围成半圆		两者比较
周长	62.8	半圆所在圆的周长	62.8×2=125.6	扩大 2 倍
半径	62.8÷3.14÷2=10	半圆所在圆的半径	10×2=20	扩大 2 倍
面积	$3.14 \times 10^2 = 314$	半圆面积	$3.14 \times 20^2 \div 2 = 628$	扩大 2 倍

　　"表格很清晰，长长臂还发现了圆与半圆的变化关系，很好！"悟空夸奖道。

　　尖尖嘴一看长长臂受到夸奖，又看看表格中的那么多数字，心想我何不用字母来表示呢？于是，对着悟空说道："大王，我用字母 C、r、S 分别表示刚才圆的周长、半径和面积，那么半圆所在圆的周长就是 2C，所在圆的半径就是 2r，整圆的面积就是 4S，半圆的面积就是 2S。一下子就可以得出，圈出的半圆的面积是圈出的圆的面积的 2 倍。"

"谢谢长长臂列表的方法，还有尖尖嘴的字母表示。"卷卷毛平静地说，"大王，面积扩大 2 倍啦！"

国王心中暗念"不好"，眨眼工夫，面积变成了原来的 2 倍，不免焦虑起来。

牛皮由围成"圆形"到"扇形"的变化。

这时，短短尾心想，从圆到半圆面积就扩大 2 倍了，如果再到四分之一圆呢？短短尾把想法说给大家听，猴子们想到了十字路口，悟空也参与进来，用金箍棒画出一个图来。

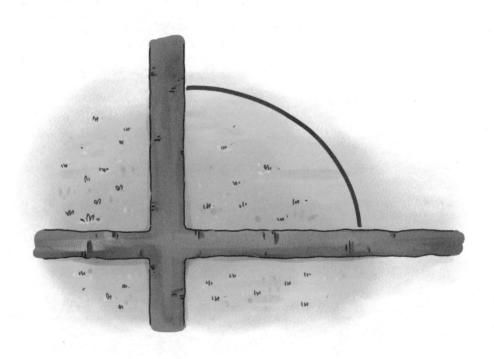

猴子们一看，你一言我一语地说起来：

"以这两条路为界，圈四分之一个圆。"

"牛皮的长度就是圆弧的长度，用字母 C 表示。"

"圆弧的长度是 C，那圆弧所在圆的周长就是 4C。"

"圆弧所在圆的半径就是 4r。"

"整圆的面积就是 16S，四分之一圆的面积就是 4S。"

国王闭上眼睛，心想："糟了，糟了！"转眼间，圈出的土地面积扩大了 4 倍。

悟空笑眯眯地说："国王陛下，您先别急，我来考考孩儿们。"

发现规律，
以此类推。

猴子们一听，大王要考他们，立刻安静下来。

"孩儿们，从圆到半圆，面积扩大了 2 倍，从圆到四分之一圆，面积扩大了 4 倍……"悟空说着说着停了下来。

卷卷毛一下子明白了大王的意思，高声说道："大王，如果是圈成八分之一圆，那面积就扩大了 8 倍。"

猴子们一听，对啊，这不发现规律了吗？悟空示意长长臂再举一个实例。

长长臂会意，慢条斯理地说道："咱们进入朱紫国时，我发现有两条河流径直从边境流过，我想借助这两条河流圈一个扇形。"

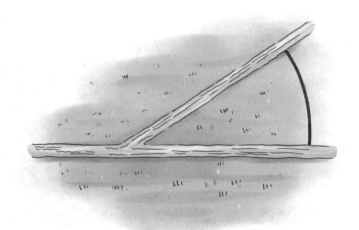

尖尖嘴在一旁心领神会，根据长长臂的话语画出图来。

两条河流的夹角是45°，扇形的弧长是圆周长的八分之一，即圆周长是弧长的8倍，也就是8C，半径就是8r，整圆的面积就是64S，扇形的面积就是8S。

圈出扇形的面积是原来的8倍。猴子们画图、计算、验证，一会儿，都懂了。

牛皮有围成"无限"的可能。

国王越听越紧张，突然用手狠狠地拍了一下自己的脑袋，瞪圆了眼睛，惊叫道："我的天啊！这是要圈去我多少土地啊！"

猴子们见国王如此窘态，越发来劲了。尖尖嘴得意地说道："大王，我发现圈成扇形的面积比圆的面积大。

扇形的圆心角是圆周角的几分之一，扇形的面积就是圆面积的几倍。"

悟空看着国王着急的样子，笑嘻嘻地说道："陛下莫急，刚才长长臂已是手下留情了，牛皮条剪得那么宽，要是剪成特别细的牛皮线，看能不能圈下你的整个朱紫国？"

竟然有这种可能？国王大惊失色，一屁股跌坐在龙椅上，嘴里不断地念叨："这！这！这……"半天竟说不出话来。

悟空看着差不多了，没有必要再拿小气国王寻开心了，念在热情接待的份儿上，拉起国王的手，和颜悦色地说道："俺老孙不要你的国土，只是借宝地一用，开办劳动实践基地，既为花果山的猴子们提供劳动实践的场所，也为贵国儿童提供实践锻炼的机会，各美其美，何乐不为呢？"

国王听了，这才放下心来，抓过大圣的手，感激地一握，随即对大臣们宣布："朱紫国少儿劳动实践基地由朱紫国投资建设，建成后免费向全国儿童及花果山的猴子们开放。"

大臣们群呼："大王英明！大王英明！"

数字的前世今生

　　悟空回花果山以来，时常带着猴子们穿越古今，既拜访先人，又讨教后生。前些时日和猴子们一起领悟了仓颉造字的神奇，悟空最近又联想到自古以来计数的数字，心想，何不也探寻一下数字的奥秘呢？

　　于是一大早，悟空叫醒长长臂、短短尾、卷卷毛和尖尖嘴，对他们说道："今日你们独自穿越，古今中外随意行，了解当时、当地所用的数字，一个时辰后，我们分享所见所闻。"

　　四只猴子学着悟空的穿越之术，向着不同的时空而去。悟空见他们远去，待其他小猴子纷纷醒来，就一一耳语提示："待会儿，长长臂、短短尾、卷卷毛和尖尖嘴游学回来，你们要如此这般询问数字的究竟。"

　　约定时辰到了，四只猴子同时回到花果山，见大王和众猴子已静坐等待，于是纷纷开始汇报所见所闻。

　　"大王，我去的是古罗马，我发现当地人是用这七

个符号计数的。"短短尾边说边在地
面上画出来。

I —1　　V—5　　X—10　　L—50

C—100　　D—500　　M—1000

"罗马人告诉我，小数字在大数字右边，表示两数相加，如Ⅷ=8。小数字在大数字左边，表示两数相减，如Ⅳ=4、Ⅸ=9。"短短尾兴致勃勃地谈着，"罗马数字出现得很早，我觉得罗马人真是很聪明。"

"短短尾哥哥，下面的符号是1、2、3、4、5、6、7、8、9、10吧?"有小猴子开始发问，"你和我们说说罗马人聪明在哪儿呢?"

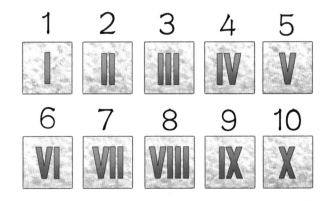

"你们看，有了罗马数字I，数字2、3自然由I累加排列出来，没有增

发明一个，生出一组。

加新的字母，这是类推式思维。"

"那数字4、6、7、8、9呢？"

"它们是两个字母的组合，通过加或减得到4、6、7、8、9。"短短尾分明是看到了罗马数字中的思维，继续说道，"没有增加新的字母，通过组合得到。你们是不是感受到了思维的简洁？"

"不错，不错，那1488用罗马数字怎么表示？"小猴子事先得到过悟空指点，不断问出新问题。

"MCDLXXXVIII，这就是1488。"短短尾也没有想到要写这么长，这好像是烦琐了一些，正疑惑呢，尖尖嘴开口说道："大家听听我的见闻，我穿越到了汉朝，古人发明了算筹，他们是这样表示数字的。"

	1	2	3	4	5	6	7	8	9
纵式	丨	丨丨	丨丨丨	丨丨丨丨	丨丨丨丨丨	丅	丅丅	丅丅丅	丅丅丅丅
横式	一	二	三	亖	亖一	丄	丄一	丄二	丄三

尖尖嘴用小竹棍摆出了数字，一下子吸引了大家的目光。小猴子们发现了其中的奥秘，叽叽喳喳议论道：

"算筹2、3、4、5的表示，也是在1的基础上累加排列，清晰又简洁。"

竹棍轻巧，
便于携带。

"算筹6只用两根小竹棍，以一当五，真正的简洁。"

"算筹7、8、9是在6的基础上，以此类推，发明出来的。"

"尖尖嘴哥哥，我们感觉古人算筹的发明与罗马数字有着相似的思维，你还有新发现吗?"小猴子又开始向尖尖嘴发问了。

"刚刚我们用罗马数字表示了1488，现在用算筹表示1488，看看怎么样。"尖尖嘴嘴角露出一丝得意。

小猴子接过尖尖嘴的小竹棍，摆弄起来。

有猴子发现这种摆法有歧义，究竟是1488，还是588呢? 不容易分辨。悟空提醒道: "孩子们，算筹不是还有横式表达吗?"

小猴子一听这话，对呀，可横式的怎么用呢? 有猴子灵光一闪，来一个纵横交替排列。

这下清楚了，1488，猴子们欢呼起来。

尖尖嘴见机说道: "这就是

不同位置，表示的大小不一样。

古人为什么发明了算筹纵式又发明了横式。而且算筹表示的 1488 要比罗马数字的 1488 简短得多。"

"为什么会这样呢？"有猴子追问。

"你们看，1488 是四位数，算筹用四个符号就可以了，一一对应四个数位。"尖尖嘴放慢语速解释道，"而罗马数字要占 11 个位置，用 7 个不同的字母来表示。"

后人继承前人的智慧。

"哦，算筹的智慧更厉害。"有猴子私下议论着。悟空望着短短尾和尖尖嘴说道："他们两个游学古代的罗马和中国，罗马数字在先，算筹在后，后人越来越聪明，俺老孙再和你们分享一下罗马数字之后 2 000 多年出现的阿拉伯数字。"

悟空在地上画出一幅图来，继续说道："这就是阿拉伯数字 0、1、2、3、4、5、6、7、8、9，你们发现了什么？"

猴子们眼尖，很快发现数字与角的关联。原来数字 1 中有一个角，数字 2 中有两个角，一直到数字 9 中有九个角，数字 0 正好一个角也没有。

"太有趣了，大王，是不是阿

拉伯数字的发明是从角的数量多少来设计的?"

"哈哈,数与形在一起。"小猴子领悟道。

开始取自于自然或自身,后来勾连到"角",而"角"也是来自于自然的形态。

"你们回想一下罗马数字,Ⅰ、Ⅱ、Ⅲ是模仿手指的形态,数字V好像大拇指与食指张开,表示一只手是5个,也是模仿手指的形态。"悟空指着地面上的图说道,"阿拉伯数字的发明已脱离了人的身体形态,传说就是从角的个数多少来设计的,后来成为全世界通用的数字。"

"大王,我们发现阿拉伯数字更加简洁,0、1、2、3、6、7、8、9一笔就可以写成,4、5也只有两笔,非常省事。"短短尾和尖尖嘴交头接耳后说道,"这说明数字符号越来越简洁啦!"

"大王,也有例外。"长长臂说话了,"我穿越到了700年后的明朝,遇到一位账房先生,账房先生给我讲了这样一个故事。"

当时,官吏用汉字一、二、三、四、五、六、七、八、九、十记账,这种计数的方法简单实用,但是容易涂改。一些官吏动起了歪脑筋,比如:把一改成二、三、六、七,把"三"改成"五",虚报假报,从中贪取钱财。

皇帝朱元璋大为震怒，一面从严惩治贪官，一面命大臣们商量改变数字的记录方法。不久，人们就发明了

看似把简单变成了烦琐，实质是解决了数字涂改的问题。

"零、壹、贰、叁、肆、伍、陆、柒、捌、玖、拾、佰、仟、萬"，用来替代以往的记录方法。

"大王，确有其事，这是数字的大写形式。"卷卷毛说话了，"我穿越得更远，大约明朝后300多年吧。"

卷卷毛还带回一张发票，上面既有阿拉伯数字，又有大写的数字。

"从短短尾所见的罗马数字，到尖尖嘴所说的古代算筹，再到阿拉伯数字，不是越来越简洁吗？"小猴子

又提出一个带有挑战性的问题，"发票有阿拉伯数字的小写，又有数字的大写，说明什么呢？"

"问得好，这里的数字大写体现了思维的缜密。"卷卷毛似乎早有准备，从容地回应，"数字总体的使用方法是向着简洁发展的，不信大家再看看我遇到的数字。"

1234567890

"咦，这些阿拉伯数字为什么这样写呀？"小猴子有疑问。

"这可不是手写的，这是电子屏显示的数字。"卷卷毛好像预估到猴子们看不明白，毕竟穿越得太远了，于是，把在穿越中收集的红绿灯闪烁读秒录像、电梯升降楼层显示屏录像，还有各式各样的电子钟显示屏录像依次放给猴子们观看。

众猴子一下子明白了，现在电子显示的数字是把0、1、2、3、4、5、6、7、8、9 "统一"到汉字 "日"中，仅仅通过 "日"字的7条短线段的明暗变化就能显现不同的数字。

"你们说说，这些电子数字妙在哪里呢？"卷卷毛反问小猴子们。

"数字书写的曲线全部变成直线，笔画统一了。"

"统一中更显得简洁，每个数字都由'日'字的变化形成。"

"只要控制好'日'字七条线段的亮与暗，就能显示任何一个数字，便捷省事。"

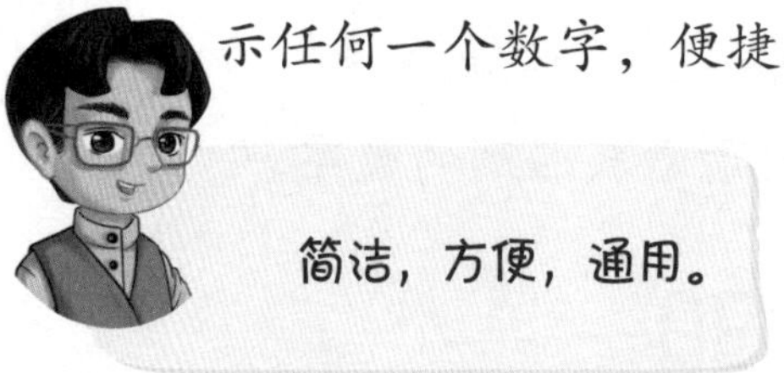

"哈哈，一'日'中藏有十个数字，正是简洁中见和谐。"

简洁，方便，通用。

猴子们你一言我一语，不断感悟着……

悟空看着、听着猴子们带回的见闻，觉得关乎数字中的思维，猴子们有了许许多多的领悟，最后提议道："孩儿们，关于数字，请你们用一个词来表达一下自己的收获。"

猴子们纷纷思考，用什么词呢？

寻找"数根"

一日，悟空召集猴子们围坐一圈，自己站在猴群中央，环顾一周说道："孩儿们，今天俺老孙单独为你们上一课，课题是……"悟空边说边用金箍棒在地上写出四个字：寻找数根。

"咦，是不是大王写错了，是'树根'吧？寻找百年老树根用来做药吧？"小猴子们小声嘀咕着。

尖尖嘴也觉得奇怪，于是问道："大王，'数'还有'根'吗？在哪儿呢？"

"问得好，我们见过大大小小的数，你们有没有想过，最基本的数是什么样子呢？"悟空用金箍棒把"根"字加了一个引号，继续道，"要学会刨根问底，你们先讨论讨论吧。"

"我们见过的整数有0、1、2、3、4……"猴子们回忆见过的数，思维有条理的老猴子从小的整数开始说起。

刨根问底，
从何处来？

"很明显，大数是由一个一个1积累起来的，那1是数的'根'。"卷卷毛敏锐地说道，"你们看，4由4个1组成，9由9个1组成……"

短短尾觉得大王今天的话题简单，猴子们一下子就找到了答案，于是漫不经心地回答道："大王，1就是数根。"

悟空笑而不语，猴子们也停下议论，心想，这不是很明显吗？

$$1=1$$
$$2=1+1$$
$$3=1+1+1$$
$$4=1+1+1+1$$
$$5=1+1+1+1+1$$
$$6=1+1+1+1+1+1$$
$$7=1+1+1+1+1+1+1$$
$$8=1+1+1+1+1+1+1+1$$
$$9=1+1+1+1+1+1+1+1+1$$
$$\cdots\cdots$$
$$18=1+1+1+\cdots\cdots1+1+1$$

寻找不
同视角。

"照这样说，所有整数的数根都是一样的。"长长臂发现不对劲了，指着地面上的例子重新提议道，"我们换一个思路寻找数根试试看。"

"这是从加法的角度寻找的，我们从乘法的角度试一试。"有猴子说出了新思路，于是大家一起写出了新的式子。

$1=1$	$10=2 \times 5$
$2=2$	$11=11$
$3=3$	$12=2 \times 2 \times 3$
$4=2 \times 2$	$13=13$
$5=5$	$14=2 \times 7$
$6=2 \times 3$	$15=3 \times 5$
$7=7$	$16=2 \times 2 \times 2 \times 2$
$8=2 \times 2 \times 2$	$17=17$
$9=3 \times 3$	$18=2 \times 3 \times 3$

悟空说："这时候，你们发现什么了？"

"大王，有的数不能分解成两个数或几个数相乘的形式，如2、3、5、7。"卷卷毛捋着毛发试探着说，"这些数已经不好分解了，难不成它们就是最基本的？是数根吗？"

"大王，有的数可以写成几个数相乘的形式，如4、

6、9。"短短尾接着说，"那么，4的根是2，6的根是2和3，9的根是3。"

悟空说："对，2、3、5这些数不能分解成两个数或几个数相乘，古人给它们起了个名字，叫作质数。"

"大王，质数，数的本质也，那么质数就是整数的根本，也就是数根吧。"长长臂小声揣摩着。

"俺老孙也不知道'质数'的名字是怎么来的，你这么一说，好像有点道理。"悟空说到这儿，停顿了一下，继续道，"我们数数的时候，是一个一个往后数的，后面的数总是比前面的数大1，从加法的角度，每一个整数都是由若干个1组成的。"

猴子们似乎有所领悟，七嘴八舌地说道：

"整数的构成，从加法的角度，看到的都是1。"

从加法的角度转换到从乘法的角度。

"换一个角度，从乘法出发，整数由2、3、5、7、11、13、17等构成，或者由它们相乘得到。"

"换一个角度，就会有新的发现。"卷卷毛接着前面猴子的议论总结道。

"大王，从上面算式来看，质数有2、3、5、7、11、13、17，应该还有吧?"尖尖嘴提出了疑问。

直接寻找，
直接判断。

"有，有，有，接着17后面的数是18，18可以分解，18不是质数，19是质数。"

"20不是质数，21也不是质数。"

"22不是质数，23是质数。"

猴子们正兴致勃勃地往后寻找，悟空说："这样寻找太慢了，我来介绍一位古人的寻找方法。"

很久很久以前，一位名叫埃拉托色尼的数学家，他在一张羊皮纸上依次写上1、2、3……直至100，然后把这张羊皮纸固定在一个框上，再用小刀逐一挖掉2的倍数、3的倍数、5的倍数……

这样羊皮纸上留下了一个一个的洞眼，整个羊皮纸像一面筛子，通过质数相乘的数好像都被筛子筛掉了，而留下来的都是质数，我们把这种寻找质数的方法叫做埃拉托色尼筛法。

"好玩，大王，这样是不是很快就寻找到质数啦？"

"应该只是100以内的质数。"

"大王，我们可以筛一把试试吗？"

间接排除。

悟空见猴子们好奇，应允道："好的，我把1到100写好，你们在这个表格中，从擦去2的倍数开始。"说完悟空一声"变"，地面上出现了一个

1	2	3	4	5	6	7	8	9	10
11	12	13	14	15	16	17	18	19	20
21	22	23	24	25	26	27	28	29	30
31	32	33	34	35	36	37	38	39	40
41	42	43	44	45	46	47	48	49	50
51	52	53	54	55	56	57	58	59	60
61	62	63	64	65	66	67	68	69	70
71	72	73	74	75	76	77	78	79	80
81	82	83	84	85	86	87	88	89	90
91	92	93	94	95	96	97	98	99	100

表格，小猴子们争先恐后地开始了。

先擦去 2 的倍数 4、6、8、10……100，接着擦去 3 的倍数 9、12、15、18、21……99，再擦去 5 的倍数 5、10、15、20、25、30……不一会儿，一张 100 以内的质数表显示出来了。

猴子们兴奋地说道："大王，成功啦！成功啦！"

"想想，有什么发现？有什么感悟？"悟空提出了新要求。

"大王，我发现两位数上的质数的个位只有 1、3、7、9 四种可能。"

"大王，有了这个表格，我们很快就可以查到 100 以内的质数。"

创造工具。

"大王，这个是我们创造的工具表，有了工具表，查阅质数就方便了。"

"大王，开始我们是一个一个数进行，看是不是可以分解，这是直接判断。后来用筛法，是一批一批地筛去，留下质数，这是间接排除。"

"大王，筛法是排除法思维。"

"好，我们寻找数根，学会从乘法的角度刨根问底。我们判断质数，学会用排除的思路创造出质数表。"悟空像是在做最后的总结，接着话头一转说道，"刚刚的质数表是先人用筛法得到的，你们知道后人的质数表吗？"

"后人还有质数表？难道还可以换一个角度？"猴子们疑惑地问道。

"对，就是要想出不同的角度。"悟空接过话头，"先人的质数表是分行排列 1—100 或更大的数，后人的方法是旋转排列 1—100 或更大的数。"

于是，悟空讲述几百年后发生的故事。有一位数学家叫乌兰，一天，他突发奇想，在纸上画出了 100 个格子，在中间一格填上 1，然后以此为出发点旋转式逐个填上 1、2、3……直至 100，接着，把是质数的格子一一圈出来。

一个有趣的现象出现了，他发现质数似乎很喜欢排列在一条直线上。

于是，他借助电脑打出了从 1 到 65 000 的螺旋圈，令人兴奋的是这种现象依然存在。

从横竖直线排列，到曲线螺旋排列。

寻找"数根"

100	99	98	97	96	95	94	93	92	91
65	64	63	62	61	60	59	58	57	90
66	37	36	35	34	33	32	31	56	89
67	38	17	16	15	14	13	30	55	88
68	39	18	5	4	3	12	29	54	87
69	40	19	6	1	2	11	28	53	86
70	41	20	7	8	9	10	27	52	85
71	42	21	22	23	24	25	26	51	84
72	43	44	45	46	47	48	49	50	83
73	74	75	76	77	78	79	80	81	82

乌兰现象

后来人们把质数的这种状态称之为"乌兰现象"。

"大王，没想到竟然发现一个规律。"猴子们感叹着。

"孩儿们，今日寻找数根一课，感受如何？"

"寻找数根，从加法角度到乘法角度，角度不同，发现不同。"

"寻找质数，除了直接判断，还可间接排除。"

"创造质数表，既可以分行排列，还可以旋转排列，发现新规律。"

"说得好！孩子们，下课啦！"

"大王，我还有一个想法，既然数有'根'，那数还会有'枝叶'吗？数还会有'分叉'吗？"

还有什么。

众猴子带着疑问琢磨起来……

从简单的想起……

　　悟空曾在花果山与牛魔王结拜为兄弟，大闹天宫后，悟空被压在五行山下长达五百年，其间兄弟未曾交往，感情日渐疏远。后因取经路上，悟空对战牛魔王的儿子红孩儿，过火焰山借芭蕉扇，又钻进牛魔王妻子铁扇公主的肚子里……至此，兄弟之间有了过节。

　　平日，悟空想到这些过往，总是理不出个是非曲直来。夜里，悟空做了个奇怪的梦，梦中一声惊叫，吓醒了众猴子，大家围坐起来，询问大王为何如此惊骇。

　　于是，悟空细细叙述梦境：

　　牛魔王在观音菩萨住处的大草坪上吃草，见悟空出现，不屑地说道："猴头，你神通广大，今日考你一题，可敢应战？"

　　悟空心想，难得兄弟会面，以题会友，再叙旧情，是一桩好事，于是应道："好，我若答对，兄弟喝酒。"

　　"哼，听题。"牛魔王径直出题。

一片草地，每天长出的草量相同，可以让 27 头牛吃 6 天，或者让 23 头牛吃 9 天，那么可供 21 头牛吃多少天呢？

　　悟空一听就蒙了，是一片草地，不是一堆草，草是在不断生长变化的。悟空一时急得抓耳挠腮。

　　忽然草坪中跳出红孩儿，怒吼道："当年大圣欺我，没想到你也有今日窘态，还是我教你吧！"

　　说完，红孩儿喷出三昧真火，将一个个字母烙在草地上，竟是一组悟空从未见过的式子：

$$\begin{cases} X+6y=27 \times 6 \\ X+9y=23 \times 9 \end{cases}$$

　　除了牛魔王题中的数据，怎么又出现了字母？悟空头更大了，急得原地打转。

　　这时草坪上飘来铁扇公主，揶揄道："当年大圣辱我，没想到你也有狼狈之时，我的肚子里有解决问题的公式，你还敢钻进来吗？"

悟空觉得上次钻进嫂嫂腹中，实在对不住兄长牛魔王。现在面对牛魔王，更觉难堪。

这时候，天空中传来观音菩萨的声音："悟空，好好想想，解决了这道题，你们兄弟了结过往，和好如初。"

悟空说道："菩萨教我！"

"悟空，牛吃草问题可是经典的数学问题，如遇难处，从简起步，你还是回花果山去琢磨吧。"说完，观音菩萨悄然离去。

悟空一急，大叫一声，醒了。

众猴子们听到这，明白了，原来是大王遇到了一道经典名题——牛吃草。

遇到难的想容易的，遇到陌生的想熟悉的，遇到复杂的想简单的。

"孩儿们，我们不必理会红孩儿的字母，也不想铁扇公主的公式，我们自己动动脑筋。"悟空不服刚才梦中的境遇，接着说，"菩萨提示我，从简起步。"

"从简起步，就是从简单的情形开始。"有猴子解释道。

"好的，我们就从简单的开始，如果草不生长，就

想到简单的
归一问题。

是一堆固定的草料，那就简单了。"
猴子们开始讨论了。

接下来，长长臂出了第一道题。

假如有一堆草，8头牛9天吃完，6头牛多少天吃完？

"这个题真简单，假设每头牛每天吃1份草。"尖尖嘴边说边写出算式：

$8 \times 9 = 72$ ············8头牛9天吃的份数

$72 \div 6 = 12$ ············6头牛12天吃完

"12天吃完固定的草料。"猴子们齐声说道。

"嗯，这道题，草的数量是固定的，假如草的数量既有固定的，又有变化的，可以这样想。"卷卷毛在原题基础上变化出了第二道题。

有不变的，也有变化的。

"好题目，有固定的草量72份，又有动态的草量，每天增加

一堆草，原有草72份，每天又运来15份草，那么可供21头牛吃多少天呢？

的15份。"短短尾说道，"那21头牛既要吃固定的草，又要吃每天运来的草。"

"我要是牛的话，我要吃运来的新鲜的草，好嫩哦。"

"我要吃原来的草，老草料多有嚼劲。"

两只小猴子居然跑题，想象起吃草来，长长臂听了，责怪道："小子，好好想题目，不要走神。"

"把牛分成两部分，一部分吃老草料，一部分吃运来的新草。"小猴子的对话启发了悟空，他自言自语道，"把21头牛分成两部分，怎么分？"

刚才走神的小猴子来劲了，说道："大王，分成15和6。"

"我知道为什么这样分，15头牛专门吃每天运来的草料，另外6头吃原来的草料。"另一只小猴子补充道。

这么一说，大家思路明晰了，当 6 头牛吃完固定的草料时，就是 21 头牛吃完所有草料的时间，于是写出算式：

21－15＝6…………6 头牛吃固定的草

72÷6＝12…………12 天吃完

"大王，还是 12 天吃完草料。"猴子们似乎感觉到题目之间的关联了。

巧妙分段，对应"变"与"不变"。

"我们从固定的一堆草，到既有固定的草，又有不断增加的新草。"卷卷毛像在回顾整理两道题，接着说道，"我们还把牛分成两部分，一部分对应变化的草料，另一部分对应固定的草料。"

悟空心想，菩萨的从简起步，从一堆草，到一堆草加动态运来的草，现在该到了一片生长的草了。于是提示道："孩儿们，看看经典的牛吃草，是不是也可以把草分成两部分？"

"大王，这简单，一部分是草地原有的草，另一部分是每天长出的新草。"尖尖嘴说道。

"那原来的草是多少？每天又长出多少草呢？"猴子们跟着提出问题来。

"我们比较以下两种情况，一种是 27 头牛吃 6 天，一种是 23 头牛吃 9 天。"长长臂不紧不慢地说道。

很快有猴子算出来：27×6=162 份，23×9=207 份。

162 份是 6 天吃草总量，207 份是 9 天吃草总量，3 天相差 207−162=45 份。

"这不，每天生长的草量就出来啦！"红毛秃顶猴机灵起来，赶紧写出算式：45÷（9−6）=15 份。

通过比较，发现结果差异；寻找产生差异的原因；结果对应原因，得出变化的量。

"我来提示一下，既然算出每天长草 15 份，那么原来有草多少怎么算呢？"尖尖嘴学着悟空的腔调。

猴子们七嘴八舌，议论起来：

"可以这样算，23×9=207 份，那 207 份是 9 天吃草总量，减去 9 天生长的草量，15×9=135 份，算式是 23×9−15×9=72 份。"

两种算法，殊途同归。这也是一种验算的方法。

"还可以这样算，27×6=162 份，那 162 份是 6 天吃草总量，减去 6 天生长的草量，15×6=90 份，算式是 27×6−15×6=72 份。"

从简单的想起……

"孩儿们，现在看看牛吃草的问题，发现什么啦？"悟空兴奋地说。

"大王，这时候已经算出原来的草量是72份，每天生长的草量是15份，和刚刚的第二题是一样的啦！"

"大王，我们会了，接下来，还是把牛分成两部分，15头吃新长的草，剩下的6头吃原来的草。"

动作快的猴子已写出算式：72÷（21-15）=12天。

"大王，一切OK啦，经典的牛吃草问题我们会啦！"猴子们欢呼起来。

悟空也开心起来，今夜如若梦境再现，可以交上答案了，感谢菩萨的指点。他想到菩萨的"从简起步"，又追问开来："孩儿们，想想我们是怎么从简起步的。"

寻找变中之不变，把草分成两部分，把牛分成两部分。

"大王，把牛吃草问题中的草分成固定的草和生长的草，从固定的草出发，我们编出了第一道题。"

"大王，把牛吃草问题中的牛分成两部分，分别对应两种草，由此我们编出了第二道题。"

"大王，牛吃草问题是在前两道题的基础上变化而来的。"

············

听着猴子们的议论，悟空喜滋滋的，正欲招呼大家再睡一个回笼觉，可此时长长臂说："大王，我想换个角度想一想，再出一道题。"

反向思维。

一片草地，每天长出的草量相同，可以让 27 头牛吃 6 天，或者让 23 头牛吃 9 天，那么可供多少头牛永远吃不完呢？

"我们怎么没想到反过来问呢？"有猴子说道。

这下，猴子们睡意全无，又开始思考起来……

由金箍棒引出的

悟空在花果山带着猴子们习文练武，寒来暑往，朝起暮歇。猴子们刀枪棍棒，拿得起放得下，琴棋书画，吟诗作赋有模有样。

有一日，猴子们用功到深夜，短短尾好奇地问道："大王，我们早起看见天上一颗亮亮的星星，晚歇又看见天上一颗亮亮的星星，它可是一直陪着我们呢。大王，那是什么星宿呀？"

你有注意到这颗星星吗？

短短尾的这一问，触发了悟空的情思，那可是太白金星。想当初取经路上，自己得到太白金星的帮助，再往前想，第一次进入天宫，是太白金星前来花果山引荐的。这么多时日过去了，未曾见面，想到这儿，悟空突发奇想，何不邀请他老人家来花果山坐坐？于是招呼道："长长臂，你带着猴子们回洞中歇息，我去请请太白金星，明日一早我们再进行操练。"说完，悟空一个筋斗腾云而去。

短短尾一看情势明白了，想必那颗星星就是太白金星，大王像是动了真情，不然不会立刻去请，众小猴回到洞穴问这问那，卷卷毛提醒道："不要啰嗦啦，明日太白金星一到，我们要好好表演一番。早点睡觉吧。"

果不出卷卷毛所料，猴子们一觉醒来，大王已邀太白金星上座。悟空率猴子们行完礼，转身说道："太白金星是花果山的贵宾，今日来此，孩儿们要好生侍候，先给老人家表演十八般武艺。"

"大圣，我年老眼花，刀枪晃眼，不如让小的们借用一下大圣的金箍棒。"太白金星和善地提议道。

"好，听老人家的。"悟空取出金箍棒，连声说，"变，变，变……"变出若干金箍棒来，猴子们各取一根，长的、短的、粗的、细的，一时间左右旋转，上下翻飞。

变！

变！

变！

猴子们正使得起劲，太白金星对悟空乐呵呵地说道："大圣，现在所见，孩儿们身手敏捷，功夫非同一般，不知他们……"

未等太白金星说完，悟空已明白其意，得意地说道："这帮小子，文武兼备，才思也是敏捷得很。"

"好，好，好，今日就以金箍棒为题，老夫考考他们。"

悟空觉得奇怪，难道老人家要以"金箍棒"为题，吟诗作画？正疑惑呢，见太白金星招呼猴子们围坐过来，问道："孩儿们，你们手中金箍棒都是大圣的金箍棒变化而来的，在这变化之中，你们看到了什么？"

"卷卷毛的金箍棒粗大，短短尾的金箍棒细小。"尖尖嘴抢先回答。

寻找变中之不变。

"每根金箍棒都不一样。"旁边的小猴子插话。

"金箍棒的长在变，直径也在变，长短粗细都在变。"有猴子在感叹。

悟空似乎也猜出了太白金星的意思，担心猴子们思维跑偏，在一旁提示道：

想想不变的是什么？

"对，应该有不变的。"长长臂一边比画着金箍棒的直径和底面周长，一边说道，"难不成它们之间的关系不变？"

尖尖嘴随即吩咐大家："来，来，来，我们一起量一下手中的金箍棒。"

众猴子一阵忙碌，纷纷变出直径分别是1、2、3、4、5、6……的金箍棒来，接着量出了每一根金箍棒的底周长。

周长	3.141	6.283	9.424	12.56	15.71	18.847	21.98	25.12	……
直径	1	2	3	4	5	6	7	8	……
关系									

这时候卷卷毛说："看看周长和直径这两个数据的关系是不是不变，加、减、乘、除法都试一试吧。"

"加起来，不可能。"短短尾敏锐地说，"大的加大的，更大，不会出现不变的数。"

"相乘也不可能。"旁边的小猴子很快意识到了，这两个数不应该相乘。

"那减一减吧？"长长臂提议道，"用周长减去直径，看看是不是有不变的数？"

"没有，没有。"有猴子喊出来了，"那肯定是用除法，用周长除以直径吧。"

太白金星乐呵呵地等待着猴子们的反应，尖尖嘴很快发现了秘密，赶紧报告："老人家，我们在变化中发现不变啦，也就是金箍棒的底周长始终是直径的三倍多一点。"

"好，孩子们，你们不仅会耍金箍棒，还发现了金箍棒中的不变之数。"太白金星夸奖道。

悟空这时候感觉到了，原本请老人家来花果山，想显摆一下猴子们的文采武功，没想到老人家从一根金箍棒开始，来考查猴子们了。悟空心想这也好，于是请太白金星继续下去。

"孩儿们，大圣回花果山启智开蒙，你们不仅四肢灵巧，头脑也活络了，学会从变化中发现不变啦！"太白金星夸奖道，"你们今天发现的这个数就是圆周率。"

"圆周率？究竟是多少呢？好像除不尽？"短短尾有疑问。

"哦，它可是一个无限小数，目前，我知道的是3.1415926535897932384626，接下来还没完。"太白金星捋着胡须慢条斯理地讲起一个故事。

传说，很久很久以前，有位教书先生，喜欢喝酒，时常想着到山上与庙里的和尚对饮。一日正在教书，酒瘾又犯了，怎么办呢？

对了，让孩子们背圆周率，自己上山去了。开始的时候，孩子们都死记硬背，就是记不住。后来，孩子们一商量，想出一个好办法，把圆周率的数字与先生上山喝酒的情景联系起来，于是编了一段打油诗。

山巅一寺一壶酒（3.14159），

尔乐苦煞吾（26535），

把酒吃（897），

酒杀尔（932），

杀不死（384），

乐尔乐（626）。

太白金星刚刚说完，猴子们就饶有兴趣地背起打油诗来。悟空也跟着背起来，抬头一看，太白金星喜滋滋地笑着，不再言语，像是等待着什么。悟空心想，这故事的启示是什么呢？这时候有猴子说话了。

联想思维。数字与打油诗勾连。

"有趣，数字谐音，编成了故事。"

"既背会了圆周率，又描写了先生。"

"哈哈，联想记忆，用诗歌来记忆数字。"

"说得好，这是一种联想思维。先人还联想到用分数来表示圆周率，这个分数就是 $\frac{355}{113}$。"太白金星说道，"你们记住分数了吗？"

小数与分数勾连。

卷卷毛一下子看出来了，说道："老人家，好记好记，正好是 113355，分成两段。"

"用分数表示简洁，更好记。"尖尖嘴说道，"从小数联想到了分数，一个长长的小数变成了一个有趣的分数。"

分数的简洁表达。

"只是 $\frac{355}{113}$ =3.1415929……好像不等于 3.14159265358 97932384626……到了第七位小数就不对了。"短短尾又发现问题了，"老人家，这个分数只是近似于圆周率，对吧？"

用分数精确表示出圆周率"无限"的意蕴。

太白金星走到短短尾跟前，摸着他的头说道："是的，你小子细心得很，我曾穿越到 500 年后，发现后人真是聪明，用分数精确地表示出圆周率啦。"

太白金星接过长长臂的金箍棒，在空中一划，天幕中出现了两个等式。

$$\pi = 4 \times \left(1 - \frac{1}{3} + \frac{1}{5} - \frac{1}{7} + \frac{1}{9} - \frac{1}{11} + \frac{1}{13} - \frac{1}{15} + \cdots \cdots \right)$$

$$\pi = 2 \times \frac{2 \times 2 \times 4 \times 4 \times 6 \times 6 \cdots \cdots}{1 \times 1 \times 3 \times 3 \times 5 \times 5 \cdots \cdots}$$

"老人家，现在正好等于3.1415926535897932384626……吗？"小猴子似乎不敢相信，一个无限小数竟然可以用分数来表示。

"嘿嘿，分数中也有113355，说不定后人也是受$\frac{355}{113}$形式的启发呢。"

"对，这也是联想思维吧。"众猴子若有所悟，"老人家，您会穿越，还可以联想到未来什么呢？"

"哈哈，昨天大圣寻我，我刚刚穿越到宋朝，唐朝有诗，宋朝有词。"太白金星从衣袖里取出一本《大宋词集》来，继续道，"想不到你们大圣求学心切，昨夜已通读完毕。"

"孩儿们，一切都在变化，楚辞到汉赋，唐诗到宋词。"悟空接过太白金星的话说道，"老人家，宋词，宋词，有很多'词'，我把《大宋词集》中的'词'做了一个统计。"

悟空从怀中掏出一张表格来，《大宋词集》中的99个高频词汇排序如下。

跨界思维。

1	###	21	一笑	41	深处	61	一片	81	不是
2	东风	22	黄昏	42	时节	62	桃李	82	时候
3	何处	23	当年	43	平生	63	人生	83	肠断
4	人间	24	天涯	44	凄凉	64	十分	84	富贵
5	风流	25	相逢	45	春色	65	心事	85	蓬莱
6	归去	26	芳草	46	匆匆	66	黄花	86	昨夜
7	春风	27	尊前	47	功名	67	一声	87	行人
8	西风	28	一枝	48	一点	68	佳人	88	今夜
9	归来	29	风雨	49	无限	69	长安	89	谁知
10	江南	30	流水	50	今日	70	东君	90	不似
11	相思	31	依旧	51	天上	71	断肠	91	江上
12	梅花	32	风吹	52	杨柳	72	而今	92	悠悠
13	千里	33	风月	53	西湖	73	鸳鸯	93	几度
14	回首	34	多情	54	桃花	74	为谁	94	青山
15	明月	35	故人	55	扁舟	75	十年	95	何时
16	多少	36	当时	56	消息	76	去年	96	天气
17	如今	37	无人	57	憔悴	77	少年	97	惟有
18	阑干	38	斜阳	58	何事	78	海棠	98	一曲
19	年年	39	不知	59	芙蓉	79	寂寞	99	月明
20	万里	40	不见	60	神仙	80	无情	100	往事

小贴士：

上表来源于网络。人们发现宋词中常常出现"明月""东风"等词汇，于是突发奇想，可以将《大宋词集》中高频出现的词统计出来吗？

大家知道，宋词的句子都很短，比如"明月几时有"，可能的两字组合是"明月""月几""几时""时有"，可能的三字组合是"明月几""月几时""几时有"，字数越多，可能的组合就越少。像这样，把每句话不同字数的组合都列举出来，借助电脑编出一个程序，就可以整体统计出它们出现的频率了。

当然其中会有很多无意义的组合，如"月几"等。由于数据源的原因，排在第一的是无效字符，表格中用"###"代替。

"哦，大圣居然把《大宋词集》'拆解'了、'数字化'了？"太白金星很是惊讶，"咦，圆周率是数字，这里也有数字，老夫来对应一下，创作一首《圆周率词》。"

什么？圆周率还能作词？猴子们不解其意，太白金星将3.1415926535897932384626和悟空的数字表对照起来，逐一寻找，"3"对应"何处"，"14"对应"回首"，"15"对应"明月"……猴子们看到这儿明白了，一起帮着寻找，真的，很快有了一首词：

何处回首，（3-14）

明月悠悠，（15-92）

心事故人谁知？（65-35-89）

寂寞风吹斜阳，（79-32-38）

人间归去，（4-6）

东风归去……（2-6）

猴子们一边吟诵一边思索着：一个是先人的，一个是未来的；一个是数学家的数，一个是文学家的词。居然可以勾连起来。悟空也没想到太白金星如此"穿越"，很快意识到这是太白金星在启智开蒙，于是说道："孩儿们，不要沉浸于诗词吟诵，想想老人家这样的创作带给我们什么启示呢？"

猴子们一愣，一下子回过神来。

"大王，老人家让我们脑洞大开，一段圆周率诗，一段圆周率词，有趣、有文采。"

"大王，这不是简单的联想记忆啦，这是跨界游戏啊。"

"大王，既然圆周率可以诗，可以词，那可以画成图，可以成为曲吗？"卷卷毛想到学过的琴棋书画，突发奇想地问道。

悟空一听乐了，开心地说道："孩儿们真有悟性，今日在老人家面前展示一下我们的联想，我们也来跨跨界。"

猴子们一下子又沉静下来，有思考"画"出圆周率的，有尝试"唱"出圆周率的……

一会儿工夫，尖尖嘴画了一幅人像图，喜滋滋地解说道："老人家，我是用数字 3.1415926 组成的数学家头像，你们看像不像？"

用圆周率的数字绘成祖冲之的动漫头像，这是一种奇特的构想。

3.1415926

"像尖嘴的自画像。看我的。"短短尾不甘示弱，也创作了一幅画，三只猴子围成圈，一只猴子躺中间。

太白金星微微点头说道："有点意思，一个用数字画成图形，一个用图形来表示数字关系。"

另一种"数"与"形"的结合。

太白金星刚刚夸奖完，卷卷毛就手舞足蹈地唱起来，悟空随即用金箍棒把曲谱记在石头上，恰好是圆周率的数字歌。

3. 1 4 1　5 9 2 6　5 3 5 8　9 7 9 3　2 3 8 4　6 2 6

猴子们一起唱起来，太白金星起身对着悟空说道："大圣，今日花果山非同昔比，老

从无声的数，到有声的曲。

夫领教了，孩儿们个个聪颖，得益于大圣启智开蒙。时

辰不早啦，人间归去，东风归去，老夫告辞啦！"

猴子们目送老人家远去，悟空回过头来，问道："古往今来，诗词歌曲，太白金星老人家是从何处谈起的？"

"大王，是从金箍棒的变化开始的。"

"发现变中之不变。"

"小数到分数，简洁。"

"数字到诗歌，联想。"

"还有图画，圆周率还真是多姿多彩的。"

短短尾、卷卷毛、尖尖嘴等猴子你一言我一语地回味着……

悟空发现长长臂没有言语，估计又有新的想法了，示意大家停下，听听长长臂的想法。

长长臂慢悠悠地说道："今日话题是从金箍棒的变与不变引起的，我们刚刚是看金箍棒的底周长和直径，如果我们关注金箍棒的形状和重量呢？大王的金箍棒一会儿变大变重，一会儿变小变轻，这大小轻重之中有不变的吗？"

猴子们又认真思考起来……

阿凡提"巧"分驴

　　悟空带着猴子们穿越古今，游历中外，拜访求教名家大师，心中盘算还有何方高人，便问身边的猴子长长臂，可曾听说民间智者的故事，长长臂想起阿凡提来，于是悟空召集长长臂、尖尖嘴、卷卷毛、短短尾，说道："今天俺老孙带你们外出，去见一位智者。"

　　于是，悟空带着众猴子腾云驾雾来到西边一片开阔的疆土上，恰好遇到一户人家正在犯愁，情况是这样的：

　　原来这户人家有位老人，他有19头毛驴，老人在临终前对他的三个儿子说："我已经写好了遗嘱，把毛驴留给你们，你们一定要按我的要求去分。"

　　老人去世后，三兄弟看到了遗嘱：

　　　我把19头毛驴全都留给我的三个儿子。
长子得 $\frac{1}{2}$ ，次子得 $\frac{1}{4}$ ，幼子得 $\frac{1}{5}$ ，不许流血，
不许杀驴。你们必须遵从我的遗愿！

面对这样一份遗嘱，三个儿子觉得没办法分驴。左邻右舍也开始纷纷议论。

"19 是单数呀，$\frac{1}{2}$ 不好分呀。"

"对呀，就是那两个儿子的 $\frac{1}{4}$ 和 $\frac{1}{5}$，也不好分呀。"

"怎么办呢？又不能杀驴。"

悟空及猴子们在人群中静静地看着，尖尖嘴忍不住高声喊道："大王，遗嘱真荒唐，根本做不到。"

悟空微微点头，正要说话，只见围着的人群让出一条道来，一个人骑着毛驴过来了。

悟空悄悄地告诉猴子们，这就是今天要会见的智者阿凡提，看看阿凡提怎么办。

阿凡提知道了缘由，想出了一个主意，他把自己的毛驴先借给三兄弟，这样就有了 20 头毛驴，长子分得 $\frac{1}{2}$ 也就是 10 头，次子分得 $\frac{1}{4}$ 也就是 5 头，幼子分得 $\frac{1}{5}$ 也就是 4 头，而 10+5+4=19，刚好是全部的遗产——19 头毛驴。

剩下的 1 头毛驴本来就是阿凡提的，归还阿凡提，就这样按照遗嘱把毛驴分完了。

众人一看齐声高呼："阿凡提巧分驴，智慧的阿凡提！"

悟空当众问四只猴子："阿凡提巧在哪里呢？"

"大王，阿凡提巧在借驴还驴。我看大约分一分，也可以。"短短尾继续说着，并报出了数字：

没有满足于"奇巧"，而是寻找更"朴素"的方法。

$$长子：19 \times \frac{1}{2} = 9.5 \approx 10 \ 头。$$

$$次子：19 \times \frac{1}{4} = 4.75 \approx 5 \ 头。$$

$$幼子：19 \times \frac{1}{5} = 3.8 \approx 4 \ 头。$$

众人一听觉得似乎也行，好像也没有必要借来还去了，阿凡提也愣住了，觉得自己刚才的小计策意义不大。

细心的卷卷毛插话道："大王，$\frac{1}{2}$、$\frac{1}{4}$、$\frac{1}{5}$加起来是$\frac{19}{20}$，比 1 小，这是什么情况？"

悟空也自言自语道："好一个阿凡提，借一还一，这里面有问题。"

正巧阿凡提骑上毛驴准备离开，长长臂赶忙跳上前去，拦住道："请教阿凡提先生，我也有一份遗嘱。"

长长臂介绍说，他也有三个儿子，立下此遗嘱：

有 19 头毛驴留给三个儿子。长子得 $\frac{2}{3}$，次子得 $\frac{1}{7}$，幼子得 $\frac{2}{21}$，不许流血，不许杀驴。

"请问，阿凡提先生，我的儿子怎么分驴呢？"

众人一听，跃跃欲试，借驴分驴，把阿凡提的毛驴借来，一共 20 头，长子 $\frac{2}{3}$，咦，怎么不好分了？

阿凡提也抓耳挠腮，一旁的悟空看得明白，招呼猴子们过来，说道："你们想想办法啊。"

阿凡提的借驴分驴不灵了，众人把目光移向悟空，等待他的说法。

此时，阿凡提躬身请教悟空："刚才借驴分驴是碰巧了，不知现在怎么办？"

悟空笑道："先生，刚才借驴分驴，是借 1 还 1，现在要借 2 还 2，不信，大家试一试。"

众人开始试起来：19 头借 2 头，是 21 头。于是……

长子：$21 \times \frac{2}{3} = 14$ 头。

次子：$21 \times \frac{1}{7} = 3$ 头。

幼子：$21 \times \frac{2}{21} = 2$ 头。

还真是这样，14+3+2=19，大家很佩服悟空，嚷嚷着："借 1 还 1，变成了借 2 还 2，如果再换一种情况，怎么借呢?"

"对不起,对不起,看来智慧的是这位高人。"阿凡提指向悟空,"我是碰巧了,借驴分驴不是通用的办法。"

短短尾不耐烦了,说道:"我还是老办法,大约分一分,管用,说不定通用呢。"

众人照短短尾的分法计算起来:

长子:$19 \times \dfrac{2}{3} \approx 12.67 \approx 13$ 头。

次子:$19 \times \dfrac{1}{7} \approx 2.71 \approx 3$ 头。

幼子:$19 \times \dfrac{2}{21} \approx 1.81 \approx 2$ 头。

"短短尾,你看看,13+3+2=18,还有 1 头毛驴呢,难不成你想贪了?"卷卷毛发现问题了,看来大约分一分,不行了。

悟空说:"阿凡提的巧方法不能通用,短短尾的笨办法又出错,那问题出在哪儿呢?"

发现"朴素"的方法也不灵验。

刚刚卷卷毛心中就有疑问,这时候面向大家提出来:"老人遗嘱中的 $\dfrac{1}{2}$、$\dfrac{1}{4}$、$\dfrac{1}{5}$ 加起来是 $\dfrac{19}{20}$,比 1 小,说明 19 头毛驴没有分完,是不是?"

短短尾说:"对啊,我用 $19 \times \dfrac{1}{2}$ 得到长子应分得的数量，阿凡提是用 $20 \times \dfrac{1}{2}$ 得到长子应分得的数量，阿凡提违背了遗嘱，长子的 $\dfrac{1}{2}$ 是指 19 的 $\dfrac{1}{2}$，不是 20 的 $\dfrac{1}{2}$ 呀？"

悟空又说道："好一个阿凡提，偷换单位'1'。"

"我的方法其实是投机取巧，不是真正的巧。"阿凡提回应道。

卷卷毛说："事实上，按照遗嘱分驴，一次性是分不完的，还剩下总数的 $\dfrac{1}{20}$。"

悟空发问："那怎么办呢？"

"遗嘱中老人是不是要把剩下的 $\dfrac{1}{20}$ 继续分下去呀？"

"按照 $\dfrac{1}{2}$、$\dfrac{1}{4}$、$\dfrac{1}{5}$ 分下去，依然还会有剩余。"

短短尾和长长臂分别开始讨论。

从三者的关系入手，也是从整体入手。

悟空继续说道："这么说，是不是永远分不完了？"

这时，卷卷毛忽然叫起来："有办法啦！按照比例分，应该行。"

卷卷毛是这样想的：

老人三个儿子分的毛驴比是 $\dfrac{1}{2}$：$\dfrac{1}{4}$：$\dfrac{1}{5}$=10：5：4，总共 10+5+4=19 份，一共有 19 头毛驴，那一份是 1 头毛驴。

长子：10份，10头毛驴。

次子：5份，5头毛驴。

幼子：4份，4头毛驴。

围观人的都明白了，那长长臂所说的遗嘱就可以这样分：

$$\frac{2}{3} : \frac{1}{7} : \frac{2}{21} = 14 : 3 : 2$$，总共 14+3+2=19 份，一共有 19 头毛驴，那每一份是 1 头毛驴。

长子：14 份，14 头毛驴。

次子：3 份，3 头毛驴。

幼子：2 份，2 头毛驴。

不是迷恋于"技巧"，而是要寻求"通法"。

众人开心地欢呼："猴哥智慧！猴哥智慧！"

悟空走到阿凡提身边，招呼道："先生，猴子们多有冒犯。"

阿凡提急忙还礼，面向众人高声道："智慧无边，今日遇见高人，此前借驴还驴只是一题之计，今日得此通法，感激不尽。"

至此，众人都觉圆满，纷纷散去。

李白壶中酒

悟空派遣卷卷毛、短短尾、尖尖嘴等猴子去大唐长安学习深造，他们学成回到花果山，带回的见闻学识，令其他猴子惊羡不已。猴子们纷纷向悟空提出要求，也要到长安去学习。悟空见众猴子求学心切，于是决定带领众猴子一路游学去长安。

大唐盛世，歌舞升平，猴子们一路观赏田园山水，一路闻听诗歌民谣。这一日，路上遇见一位老先生，悟空正要上前问路，未等开口，老先生便手摇蒲扇，口中吟诗道：

> 李白斗酒诗百篇，
> 长安市上酒家眠。
> 天子呼来不上船，
> 自称臣是酒中仙。

悟空一听，心中一怔，天子呼来不上船，这和俺老孙的性情倒有些相似。于是很想会会斗酒诗百篇的李白，也许眼前的这位老人认识酒仙李白？

于是悟空赶紧施礼，问道："老先生，您可知李白居于何处？"

"长安市上酒家眠。"老先生用刚刚吟唱的诗句回应，顺手指向远处的城郭。

悟空谢过老先生，领着众猴子向西而去，不久遇到一条岔路，正犹豫呢，不远处一个牧童倒骑着黄牛，哼着小调慢悠悠地过来了。

只听见牧童唱道：

李白街上走，提壶去打酒。
遇店加一倍，见花喝一斗。
三遇店和花，喝光壶中酒。

　　猴子们一听，李白好大的酒量，悟空一看机会来了，急忙拦住牧童问道："小儿，你可知李白在哪条街上行走？"

　　牧童瞥了悟空一眼，停下哼唱说道："客官先回答完我的问题，我再告诉你。"

　　悟空一听，这不简单吗，招呼猴子们围过来，心想让小的们回答就可以了，于是催促牧童道："快说说你的问题。"

　　牧童清了清嗓门，又哼唱起来：

李白街上走，提壶去打酒。
遇店加一倍，见花喝一斗。
三遇店和花，喝光壶中酒。
试问酒壶中，原有多少酒？

大家没想到，牧童哼唱的歌谣竟是一道题。猴子们也想早日赶到长安，大家你一言我一语开始讨论起来。

"遇店加一倍，就是李白遇到酒店，就往壶中加酒，加到原来的双倍。"

"见花喝一斗，看到长安街上的鲜花，李白就喝酒，而且是喝一斗。"

"三遇店和花，就是一共三次遇到酒店和鲜花，有三个酒店，还有三处鲜花。"

"喝光壶中酒，最后李白把壶中的酒全部喝完了。"

"现在壶中没酒了，中途喝了三次，加了三次，原来壶中有多少酒？这是要我们往回想？"

"说得好，往回想。"悟空见猴子们听懂了歌谣，及时提醒道，"最后，李白遇见的是店还是花？"

"大王，当然是花，这样才能喝完壶中酒。"有猴子回应道，"对了，我们可以从后往前倒推。"

这时候，猴子们反应过来了，说时迟，那时快，几只猴子已在地上画出了图。

0.875 1.75 0.75 1.5 0.5 1 0

图一出现，有猴子开始计算了，第三处花前壶中有酒 1 斗，那么第三处酒店前壶中有酒就是 1÷2=0.5 斗。

接着往前倒推，第二处花前壶中有酒 1.5 斗，那么第二处酒店前壶中有酒就是 1.5÷2=0.75 斗。

倒推思维。

再往回倒一次，第一处花前壶中有酒 1.75 斗，那么第一处酒店前壶中有酒就是 1.75÷2=0.875 斗。

结果一出，猴子们兴奋地喊道："放牛娃，壶中有酒 0.875 斗。"

牧童不以为然地说道："各位客官，是受了我倒骑黄牛的启发吧？"

悟空一愣，心想小小牛娃竟然抢了猴子们的思考之功，于是，脱口说道："哪里话，明明是猴儿们自己悟出来的倒推之法，与你倒骑黄牛无关。"

有"倒着推"，也有"顺着想"。

"大王，我们还可以顺着想，假设壶中有酒是 x 斗。"有猴子提出了新思路，像是要证明一下与牧童倒骑黄牛无关，其他猴子接着说道：

"壶中有酒 x 斗，第一次遇到酒店，变成 2x 斗，接着遇到鲜花还剩 2x−1 斗。"

"第二次遇到酒店，变成 $2×(2x-1)$ 斗，接着遇到鲜花还剩 $2×(2x-1)-1$ 斗。"

"第三次遇到酒店，变成 $2×[2×(2x-1)-1]$ 斗，接着遇到鲜花还剩 $2×[2×(2x-1)-1]-1$ 斗。"

假设的思路，解方程的方法。

"那么，就有 $2×[2×(2x-1)-1]-1=0$ 的等式啦。"

"大王，我们算出 $x=0.875$ 斗。"

牧童一看，猴子们还真是机灵，既会倒推，又会用字母假设，正欲思忖怎么夸奖再引导一番，转头见到猴子们忘乎所以的得意劲，心中不快，于是，冷冷地说道："虽然你们算出了壶中酒，但我还是不能告诉你们李白在何处。"

"小小顽童，竟然言而无信。"悟空急了，欲上前与牧童理论，牧童淡然地说道："不是我言而无信，而是你们算出的壶中酒只是其中一种情况。"

"什么？还有其他情况？"悟空也纳闷了。

猴子们安静下来，还有什么可能呢？

"一倍，这个是固定的。"

寻找变化的可能。

"一斗，这个也是固定的。"

"三遇店和花，'三'这个数也是固定的。"

猴子们议论着，悟空听到这儿，恍然大悟，问题就在"店"和"花"上，悟空不想直接告诉猴子们，于是问道："孩儿们，我们刚才是怎么排列店和花的？"

猴子们说道："先是店，接着是花，再是店，又是花……"

依照一定的规律，一一呈现出来。

说着说着，有猴子停下来了，对呀，只要最后遇到的是"花"，"店"和"花"不一定非要这样排列啊！这下，猴子们明白了，大家开始七手八脚地在地上画图排列，一会儿排出了这么多情况。

　　猴子们为自己的发现开心不已，一鼓作气算出了 10 种情况，壶中酒分别是 0.875、0.75、1.125、0.625、0.5、0.375、1.25、1.375、1.625、2.125 斗。

　　牧童感到今日是遇见神猴了，会倒推，会顺算，还会思维发散，一时来了兴致，高手过招，觉得更有味道。于是，面带微笑朝悟空说道："客官今日来长安寻访李白，一定是以酒会友吧，想那李白可是酒中仙人。"

　　"哦，不知李白酒量如何？"悟空好奇地问道。

　　"哈哈，这个问题还请客官算一算。"牧童顺口又来了一段歌谣：

李白街上走，提壶去打酒。
遇店加一倍，见花喝一斗。
三遇店和花，喝光壶中酒。
试问李太白，喝了多少酒？

　　刚刚壶中多少酒的问题激发了猴子们，见又来一个问题，大家兴致勃勃，争相回答，悟空示意大家安静，静静地想一下，然后一起说出答案来。

　　"3斗酒。"猴子们齐声高喊道。

整体思考。

　　牧童感叹，这群猴子悟性真是高，如此快的回答，一定是都想到了整体考虑，既然只有遇到鲜花才能喝一斗酒，那么三次遇到鲜花，自然是喝3斗酒啦。

　　想到这儿，牧童开心地说："客官，我算是领教了猴子们的智慧了，今日高兴，我带你们去寻访酒仙李白吧。"

　　悟空一听，一跃也上了牛背。

　　这时候，未曾想到老黄牛开口说："小主人，还有诸位客官，我发现刚刚算出的壶中酒，数字特别有意思，小数部分末位数字都是5，末两位数字要么是25，要么是75，这是巧合吗？"

　　老黄牛这一问，一下子难住了大家，这是为

三次加倍，相当于乘以8。

分母是8的分数化成小数情况如下：

$\frac{1}{8}=0.125$　$\frac{2}{8}=0.25$　$\frac{3}{8}=0.375$　$\frac{4}{8}=0.5$

$\frac{5}{8}=0.625$　$\frac{6}{8}=0.75$　$\frac{7}{8}=0.875$

什么呢?

　　牧童和猴子们一边西行，一边思考着……

大圣劫 "数" 难逃

花果山的猴子每每谈起大王大闹天宫的故事，心中总是自豪得意，但一想到最终大王没有翻出如来的手掌心，又纷纷觉得遗憾。

老猴子长长臂觉得其中一定有猫腻，于是和众猴子商量，想要解开这个谜。众猴子想为大王解除这个"心结"，于是他们聚集在一起讨论开了。

卷卷毛第一个发言，愤愤不平地说："一定是如来使用了幻术，欺骗了大王。"

孙悟空翻不出如来佛的手掌心，这是为什么呢？孙悟空的本领小？如来佛的手掌大？还有其他可能吗？

"是的，是的，可能是如来虚构了场景，毕竟如来有慧眼，神通广大，法力无边，三界之内没有他看不到的地方。大王写的字与撒的尿尽收眼底，复制一下有何难？大王一定是被骗了。"短短尾也在一旁附和。

"不，不，不，如来是得道佛祖，怎么可能使这种雕虫小技欺骗大王？"长长臂不认同大家的胡乱猜测。

"可是，我们大王一个筋斗云就是十万八千里，怎么可能跳不出去呢？这不可能啊！"卷卷毛不服气地说。

众小猴陷入了沉思。

"大王的筋斗云众所周知，绝对是真功夫，如来肯定也没有弄虚作假，既然两边都是真的，那——"长长臂突然灵光一闪道，"有了！有了！一定是大王跳出去之后，经过十万八千里又回到了原地！"

由"回到原地"联想到"转了一圈"。

"可是，一跳就是十万八千里，那么远的距离，怎么可能会回到原地呢？"卷卷毛疑惑地问。

"如果十万八千里正好是一个圈就有可能啦!"长长臂为自己天马行空的想法洋洋得意。

"我觉得长长臂的想法有道理!虽然直线上运动起点与终点不可能是同一个点,但如果路线正好是一个圆,不多也不少,那就有可能啦!"短短尾惊喜地补充道。

"对,对,对!地球是圆的,绕地球一圈刚好画了一个圆,这样就可能回到原点啦!"卷卷毛也醒悟过来。

"到底是不是这样呢?这需要我们进一步验证。"长长臂总是非常理性。

"这个倒也不难,咱们只要算算绕地球一圈的长度,是不是等于大王翻一个筋斗云的长度就行了。"短短尾说道。

学会转换,
注意统一。

"这个我会算:1 里 =500 米,108 000 里 =108000×500=54000000 米 =5.4 万千米。这是大王一个筋斗的长度。"卷卷毛边说边演算,自信满满。

"地球的半径是 6 371 千米,那么绕地球一圈的长度就是 2×3.14×6371=40009.88 千米 ≈ 4 万千米。"算到这里,卷卷毛又迷糊起来,"咦,奇怪!5.4 万千米与 4 万千米并不相等啊,这样就回不到原地了。"

短短尾想了想，质疑道："这样算不对，大王翻筋斗的地点不是在地面上，而是在天宫。"

卷卷毛醒悟道："对啊！这样说来，绕地球一圈的半径就不是地球的半径，还要再加上天宫与地面之间的距离。可是天宫与地面的距离又是多少呢？"

"这个我会算：大气层 1000 千米，共分 33 重天。如来位列众神仙的第四位，那就该在 29 重天之上。这样算起来，地面到天宫的距离就是 $1000 \div 33 \times 29 \approx 880$ 千米。"短短尾慢条斯理地向大家解释道。

二十九重天

大气层

地球

6370 千米　880 千米

"接下去我会算啦!"卷卷毛连忙抢着说,"大王实际绕一圈的半径就是 6371+880=7251 千米,这样一圈的周长就是 $2 \times 3.14 \times 7251 \approx 4.5$ 万千米。"

转换的标准变了,
要因变而变。

"咦,还是不对,5.4 万千米与 4.5 万千米还是不等啊?"卷卷毛再次陷入了死胡同,短短尾也沮丧起来。

"不急,不急,让我们再想想。"长长臂安抚大家,继续思考,"对了,大王被如来佛压在五行山下 500 年,西天取经发生在唐朝,大闹天宫的时间就要往前倒推 500 年,也就是汉朝。汉朝时 1 里可不是 500 米,大约是 415 米。"

"那我再重新算算,按 1 里 =415 米 =0.415 千米计算,108000 里 =108000 × 0.415 $\approx$ 4.5 万千米。对啦,对啦!就是这么回事!大王一个筋斗云的距离正好是在天宫绕地球一圈的长度。"卷卷毛像发现新大陆似的高叫着,众小猴也跟着欢呼起来。

于是,他们带着这样的发现找到大圣,大喊着:"大王,大王,不是如来佛骗了大王,实在是一种巧合,实在是一种巧合!"猴子们你一言我一语,细说原委。

大圣听后感叹道:"看来,如来佛确实没有欺骗我,跳不出他的手掌心,既不是我跳得不远,也不是他要奸，这劫却在数学里，真是劫'数'难逃啊……"

原来如来佛是懂数学的，事先已算好。

至此，悟空心结已了，终于释然了。

一旁的长长臂，突然心生一问：如果大王要跳出如来佛的手掌心，该怎么翻筋斗呢？